OKR
最重要的一堂課

Radical Focus:
Achieving Your Most Important Goals
with Objectives and Key Results

一則商場寓言
教你避開錯誤、成功打造高績效團隊

史丹佛講師暨權威企業顧問
Christina Wodtke
克莉絲汀娜・渥德科

劉一賜、行雲會——譯

目次

推薦文　4
自序　8
第一部　實踐家的寓言故事
第二部　終極聚焦工作法的基本
01 為什麼OKR很重要？　124
02 先決條件　143
03 為什麼專案的完成不能設為KR？　156
04 除了OKR，還需要做其他哪些事情？　160
05 是什麼讓OKR發揮作用？節奏感。　163
06 以OKR改善每週的進度報告　174
07 談談終極聚焦工作法　181
08 為什麼OKR會失敗？　190
09 OKR輔導案例：量化工程部對銷售的貢獻　201
第三部　OKR實務應用
01 首次導入OKR　206

02 OKR在產品上的應用 212
03 如何召開一場設定季度OKR的會議？ 217
04 實行OKR的時機 222
05 產品部門的OKR 225
06 「層級式」OKR與組織規模 230
07 OKR和產品組合 243
08 OKR和年度考核 265
09 追蹤及評估OKR 271
10 非常規OKR 279
11 利用OKR增進組織內學習 295
12 為你的OKR評分 304
13 OKR軟體二三事 314
14 知易行難 316
謝辭 318

推薦文

克莉絲汀娜所著的《OKR最重要的一堂課》，自出版以來廣受成千上萬讀者的喜愛，不斷從中學習如何賦權（Empower）[1]團隊，以及如何善用OKR這項技術。

但在過去的五年裡，人們對這一主題有了很多了解。許多專案團隊苦於無法從OKR這項技術中獲得他們所期望的價值，這早已不是祕密。為何會如此？

當你讀完克莉絲汀娜的書，你會發現全書可歸納為兩大主題。

第一個主題描述了賦權（Empowerment）[1]文化，作者採用小說形式寫的個案研討，也是本書前半部的核心。

1. Empower 以及 Empowerment 均是「賦權」之意，完整的「賦權」包含「賦能」和「授權」兩個概念。

第二個主題介紹了OKR這項技術，以及如何用它來賦權你的專案團隊，幫助他們解決問題——目標（The Objectives，O），並讓他們在工作上轉為聚焦於成果——關鍵成果（The Key Results，KR）。

多數人只想嘗試應用OKR這項技術，卻不去擁抱對專案團隊賦權這一個更寬廣的概念。應用技術易，改變文化難。

可惜的是，太多人沒有意識到這項特別的技術植基於一個賦權的文化。它來自已經具有這種賦權文化的公司。

我的確已經看過數百家公司，嘗試將OKR這項技術疊加在原本的自上而下、一個口令一個動作的文化之上。這種作法，結果顯而易見，不會太好，我們稱之為「OKR劇院」（OKR Theatre）。

有些領導者明白真正重要的是文化上的改變，但是他們期待應用OKR這項技術，可以作為轉變成賦權文化的跳板。

那好比你以為買了一雙高性能滑雪板，就可以當作學會滑雪的跳板。當然，買滑雪板這件事很簡單；但除非這些高性能滑雪板拿來套在已經下過苦功學會滑雪者的腳上，否則一點用處也沒有。

對於那些願意下苦功去擁抱賦權文化的人，我認為你會喜愛這本書。它不僅會給你帶來啟發，也會帶領你踏上改變之旅。

矽谷產品集團創始人——馬提．凱根（Marty Cagan）

二〇二一年二月

自序

每一位出版過作品的作家都有這樣的經驗：某人帶著一個自認為是「很棒的點子」來找你，並且迫不及待地想和你一起實現它。這些人的提議如出一轍——最困難的創意發想部分我已經完成了，剩下簡單的部分就交給你把它寫成小說，賺了錢咱們一人一半。

——出自尼爾．蓋曼（Neil Gaiman）所撰〈你的靈感來自何方？〉（Where Do You Get Your Ideas?）

在矽谷的那些年，我有與尼爾．蓋曼類似的經歷：我和新創團隊會面時，他們總是要我簽署保密協議書，以確保我不會洩漏或抄襲他們所想出來的「超級好點子」。這些年輕人常自以為他們費盡心思所想出來的點子已經好到價值連城，似乎只需找個人把程式寫一寫就大功告成了！

面對這種情況，我通常會拒絕。這些人自以為的「超級好點子」，可能比列印保密協議書的紙張還不值錢。

我幾乎從來沒有聽到真正的新點子。事實上，除非是我非常陌生的產業，我很少聽到我未曾想過的點子。我這麼說並非自認為天才（我還真不是），而是想出一個新點子比你想像的要容易多了，最難的是如何把它從想法變為現實。我們很難判定什麼樣的創意才是好的，除了要讓消費者看見它的價值、懂得如何使用，還要讓他們產生一股掏錢買單的欲望。如此高難度的任務，通常需要一整個團隊來完成。隨著任務難度不斷提升，你必須想方設法招募到對的人才，帶領大家聚焦在對的事情上，即使身處在五花八門、充滿利誘的世界中，也要確保每位成員牢記加入團隊的初衷。

作家和音樂家這類獨立工作者要創造出好的作品已是相當不易，更遑論電影製片人和創業家們所面對的挑戰要複雜得多。然而，即便面對重重挑戰，這群人總能過關斬將，把想法一一實現。有那麼多人難以跨越「我有超級好點子」的階段，為何這群人卻能成功達陣呢？

保護一個好點子並非重點，真正重要的是用心呵護實現創意的這段過程。

世界上有太多誘惑容易使人分心，你需要一套好的系統來確保你和你的團隊目標一致、心無旁騖。

我所使用的系統由三個簡單的部分組成。第一：設定有挑戰性、可衡量的目標；第二：確保你和你的團隊始終朝著理想的最終狀態前進，不論有多少其他事情需要處理；第三：設定節奏，確保團隊成員牢記所要完成的事項，並能夠互相支持、共同承擔。

有挑戰性、可衡量的目標

我將會在本書深入闡述如何使用OKR來設定目標。簡而言之，這是一套源自英特爾的系統，後來谷歌（Google）、星佳（Zynga）、領英（LinkedIn）、矽谷知名的教育公司General Assembly等企業相繼導入，用以促進企業快速且持續地增長。O代表目標（Objective），KR代表關鍵成果（Key Results）。O指的是你想做到的事情（例：上線一款殺手級遊戲！）；KR指的是如何確認自己是否做到了這件事（例：每天下載量達到兩萬五千次、每天收入達到五萬美元）。可以按照年度或季度來設定不同的OKR，藉此將公司上上下下繫於一心。

O的設定要能夠發揮鼓舞和激勵人心的作用，特別是針對不太在乎數字的那些人；KR則要能驗證O的設定是否切合實際，尤其是針對喜歡談數字的那些人。如果我每天起床總是鬥志高昂，我就知道我設定了一個不錯的O；如果我有點擔心團隊會做不到，那麼KR的設定就對了。

行動緊扣目標

我開始學習生產力系統時，就接觸到了「重要／緊急」矩陣（Important/Urgent Matrix），它用兩個軸畫分出四個象限。軸一的兩邊分別為重要和不重要，軸二的兩邊則為緊急和不緊急。重要且緊急的事情，當然值得我們花時間優先去做。再來是去處理重要但不緊急的事，而**不是**處理那些緊急但不重要的事。然而，緊急的感覺常常會讓人緊張到難以真正放下那些緊急但不重要的事（尤其是有人在旁邊不停碎碎念時）。因此，解決之道是把那些重要但不緊急的事情也加上時間限制，使它們變得緊急。

我先舉個私人的例子。比如說你常偷懶不去健身房，所以一直很想找一個私人健身教練。然而，幾個星期過去，卻什麼事也沒做。這個時候你可以嘗試把健康設為一個季度的O，把肌肉質量、體重、情緒狀態都設定為KR。每個星期一幫自己設定三個能幫助你達成目標的任務。第一個任務也許是「打電話找私人健身教練」。接下來，找一個人來監督你，朋友、教練或配偶都是不錯的選擇。如此一來，如果你沒有做到，將會有人督促你。

工作上的例子不勝枚舉，從「優化資料庫來提高網站傳輸速度，並增加顧客滿意度」，到「運用新的品牌識別設計重新製作所有的行銷素材，彰顯公司的專業形象」，這些都是運用OKR系統時可以設定的目標。而每週所設定的任務優先順序，則會提醒自己去實現這些目標。

同樣地，如果你每週檢視所設定的任務優先順序，你會發現哪些情況下可以順利達成。更重要的是，你會發現哪些情況下無法達成。根據我的經驗，很多人會陷入兩大迷思：要不就是高估自己、自認無所不能；要不就是過分謙虛、便宜行事。身為管理者，學會識人讓我懂得該適時推誰一把，又該適時對誰提出質疑。對員工而言也是一樣，每週定期追蹤任務達成的狀況，能讓他們更加認清自己，自然就會創造出好的成果。

工作節奏

每個星期在一開始就公開設定任務的優先順序，成效將非常卓著。你和團隊的每一個成員都要承諾達成O。週五的慶功會，大家再來檢視本週所取得的成果，並且好好慶祝一番，藉此為高效團隊畫下一週的句點。這種「承諾／慶祝」的工作節奏，將建立團隊執行力的好習慣。

當心金蘋果的誘惑

我小時候最喜歡的希臘神話人物之一就是阿塔蘭塔（Atalanta），她是斯巴達（Sparta）跑得最快的人，對婚姻大事絲毫不在意。她那比中世紀古希臘人還要差勁的父親並不想讓她保持單身，決定舉辦一場招親賽跑，冠軍得主即可娶她為妻。為了保有自由之身，阿塔蘭塔請求父親讓她參賽，她的父親為了安撫阿塔蘭塔答應了，心裡卻根本沒想過她有機會贏。

比賽那天，阿塔蘭塔速度驚人，極有可能贏得比賽。不料，一個名叫希波墨涅斯（Hippomenes）的聰明年輕人，手上握了三顆金蘋果，每當阿塔蘭塔快要超越他時，就會朝她的賽道方向丟一顆金蘋果。為了撿金蘋果，阿塔蘭塔不停地放慢步伐，而希波墨涅斯以一個鼻子的些微差距贏得比賽。假如阿塔蘭塔賽前為自己設定清楚的目標並且堅定不移，她應該可以輕鬆愜意地贏得比賽！

每一個團隊都會遇到金蘋果。它出現的形式也許是一個能在重要大會上登台露面的機會；也許是有某個大客戶要求你為他們修改軟體；也許是某位員工的惡意作為讓你傷透腦筋，不得不花時間處理這顆毒蘋果。團隊的敵人是時間，而如期執行的敵人是容易使人分心的金蘋果。

設定對的目標並承諾每週堅定地朝目標邁進，同時在每週五為成果好好慶祝一番。如此運作下來，不論路上出現哪種蘋果，公司肯定會呈現驚人且聚焦的成長。

出新版是否太快了呢？

當我動筆書寫本文時，距離《ＯＫＲ最重要的一堂課》英文版的出版時間也快五年了，當時是第一本關於應用ＯＫＲ工作法來設定並達成目標的書。我在二〇一四年寫的部落格文章〈ＯＫＲ的藝術〉（The Art of The OKR）讓我走上這條路。自從我發表部落格文章以來，許多事情已經有了改變。我不僅進行了數十場演講，也幫助過上百個客戶，我甚至不敢猜測我有過多少次關於ＯＫＲ的對談。並且，我也看過許許多多不同的人為了達成他們的目標而奮鬥。目標設定法存在已久，大多數人會在職業生涯中聽過ＫＰＩ和SMART目標設定法。ＯＫＲ新鮮之處在於，當你設定好目標之後，它提供一套可真正達成目標的架構。

當我撰寫第一版時，我是為了那些新創公司而寫的。那時我只有看到ＯＫＲ在小公司應用得不錯，特別是那些已經找到產品市場契合（Product-Market fit）[1]且試圖成長的新創公司。但之後我接到的電話來自各種規模的組織，從一人顧問公司，到像百事可樂（Pepsico）和沃爾瑪（Walmart）這種巨型企業。後來我發展出新的ＯＫＲ應用方法，以因應我在工作上碰到的各種不同環境。但是OKR的核心——一個富有激勵性、可衡量性、且被定期追蹤的聚焦目標——卻從未改變。OKR為研發小組注入了活力，幫助內部創業（Intrepreneurs）[2]的小型團隊探索新的市場，並將分散在多個部門的多項創新工作整合起來。針對那些想要突破公司現有營運窠臼的人來說，OKR一定幫得上忙。

但是，隨著OKR方法的普及，也湧現了一票人主張說，要在不改變既定做事方法的情況下從中受益。即使OKR只是一種追蹤工作成果的方法，而不是給一個團隊嘗試用於戰術的規劃藍圖（我承認最好是兩者兼具），但有些軟體公司仍將專案管理方法的系統重新命名包裝，稱其為OKR軟體。許多顧問也開始對公司收費，教導他們學習如何「正確執行OKR」，但這些顧問通常無法理解讓OKR發揮效用的真正要素為何。更糟的是，當客戶遭遇OKR某些較難執行的地方而心生抗拒時，有些顧問就刻意淡化OKR框架上的某些要素。最後，網路上充斥著許多沾沾自喜的部落格文章，內容都是談論對OKR的承諾和執行KR的任務，令執行方法陷入一片混亂。有時，能讓OKR發揮成效的東西，似乎是最先被這些人拋棄的。

自二〇一四年我在史丹佛（Stanford）的新職位任教以來，我先後寫了《自繪草圖》

（*Pencil Me In*）[3]和《自我管理的團隊》（*The Team that Managed Itself*）兩本書，闡述了成功管理方法的另外兩個支柱。有太多的領導者問我如何用 OKR 來進行績效評估，跟他們交談之後，我意識到市面上缺乏易讀好懂的優良管理實務書籍。是時候回歸 OKR 了。

出新版是否太快了呢？我還怕為時已晚了呢。是時候明確闡述能使 OKR 運作良好的核心思想，並提出可以有效運用 OKR 方法的非傳統方式了。我擔心 OKR 最終會跟極限編程（Extreme Programming）和六個標準差（6 Sigma）這些管理時尚一樣，被棄置於垃圾堆中。

本書前半部用小說形式寫的個案研討，我並沒有做什麼改變。但是，後半部的篇幅

1. 作者註：「產品市場契合」（Product-Market Fit, PMF）是產品滿足強勁市場需求的程度。「產品市場契合」是建立成功企業的第一步，公司在早期採用者中蒐集回饋，並衡量市場對其產品的興趣。
2. 作者註：新創事業（Entrepreneurs）是成立新公司；內部創業（Intrepreneurs）是在現有公司中成立新的事業單位。
3. 作者註：《自繪草圖》是一本關於視覺化思考的書，教授繪圖技巧以及如何繪製許多關鍵的商業方法，例如故事腳本、線框以及顧問業最喜歡的二乘二行列矩陣。

是初版的兩倍，包含對新創公司和大企業都提供實質建議。

我希望新版可以幫助讀者了解 OKR 有哪些重要的層面，了解在何處做調整以適應你所處的文化，最重要的是，實現你所設定的目標。生命太短暫，無法等到明天才開始，因為永遠都會有明天。不妨今天就開始實現你的目標。

第一部

實踐家的寓言故事

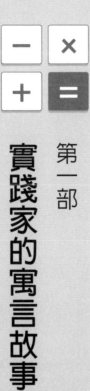

本書以寓言方式講述一家瀕臨失敗的小型新創公司。漢娜（Hanna）和傑克（Jack）以夢想家的角色登場，他們一出場就提出很棒的創業點子，並且覺得一切都將水到渠成。創業才沒多久，他們就發現光有好的點子遠遠不夠，還需要一套有效的系統來讓夢想成真。

在故事尾聲，他們不再只是夢想家，他們已蛻變為實踐家。

實踐家的故事開端

漢娜頂著鮑伯頭坐在她的辦公桌前，彎腰前傾盯著電腦螢幕，臉龐被烏黑亮麗的秀髮遮去了一大半，沒有人看得到她的表情。對辦公室裡其他的同事而言，他們的年輕執行長（CEO）漢娜似乎全神貫注在螢幕上，也許正在檢視上一季慘不忍睹的業績報表。事實上她並沒有看打開來的 Excel 試算表上的數字，她的手平攤放在鍵盤兩側，只有她知道自己快要撐不下去了。她到底是怎麼把自己搞到如此田地呢？

公司明明可以在市場上占有一席之地，但就是找不到該死的辦法開疆拓土。她的合夥人堪稱愛發牢騷界的天王，新上任的技術長（CTO）看起來像個理論派。更慘的是，在職場還是個菜鳥的她，就得面臨解雇某個員工的難題。

她為什麼又會走上創業這條路？

六個月前……

從前有一家新創公司。

它的願景是將優質的手工原葉茶供應給高級餐廳和講究品質的咖啡廳。

公司有兩位創辦人，漢娜和傑克。漢娜是美籍華裔第一代，她從小到大就非常喜歡家裡喝的茶。她母親在鳳凰城（Phoenix）市區經營一家小餐館多年，家人們對食物和茶飲都非常講究。她就讀於史丹佛大學研究所的商學院時，在帕羅奧圖（Palo Alto）這座城市裡就是找不到一杯令人滿意的好茶。漢娜對於飽餐一頓之後還能來杯上等龍井茶早

已不抱奢望。

傑克是英國人，他經常為了那些有辦法做出完美水波蛋卻連什麼是伯爵茶都搞不清楚的餐館，感到鬱悶。傑克也就讀史丹佛大學，主修人機互動（Human-Computer Interaction）設計。傑克熱愛科技，因為科技帶來的便利可以讓他的背包少裝一些書，拼字檢查的功能也解決了他打字時常拼錯字的毛病。但是對於喝茶這件事，他堅決不喝用茶包泡的茶，他不覺得用茶包泡茶代表進步。

漢娜和傑克在學校書店咖啡廳認識的那一天，漢娜正在排隊準備點餐，聽到排在她前面的傑克正在大聲抱怨餐廳賣的茶都使用茶包時，立刻笑著從包包裡拿出一罐綠茶給傑克，兩個人一下子就成為朋友了。由於漢娜來自一個創業者家族，她從小就想要成為創業家。除了母親經營餐館之外，父親也開了一家會計師事務所，還有她的姑姑也創辦了自己的律師事

務所，漢娜天生就帶著創業的基因。在認識傑克之前，她還不是很清楚自己想要開創什麼樣的公司。他們相約在研究所第二年的春季班選修創業課程，為畢業後的創業之路做好準備。

傑克和漢娜知道市場上存在很多優秀的茶農，因此他們決定要把優秀的茶農和精緻的餐廳及咖啡廳連接起來，免得這些餐廳只顧著鑽研咖啡，而忽略了茶。他們把公司命名為TeaBee，靠著在史丹佛大學求學時建立的人脈網絡，他們輕易地就募到了第一筆創業資金。

漢娜的頭銜是公司的執行長，傑克是總裁。實際上，漢娜掌管業務部門，傑克負責產品部門。他們找到了一間距離一〇一號高速公路很近、租金也還負擔得起的小型辦公室，愉快地度過前六個月，並且可以在科技聚會上贈送茶葉。他們召募了幾位工程師，傑克做了一個非常漂亮的網站，讓買家可以在上面尋找茶農並訂購美味的茶葉。漢娜也跟當地的餐廳簽了好幾筆訂單。傑克說服漢娜約聘一位視覺設計師製作了一個魅力十足的商標，他們甚至聘請了一位兼職的財務長（CFO）來負責公司帳務。同事之間輕聲細語的討論聲伴隨著打字聲，悄然交織出有如蜜蜂般嗡嗡的聲響在辦公室裡迴盪。

然而，此時他們已開始感到一絲絲不安。儘管手上的資金還足夠支應公司一年的開銷，他們依然擔心開拓市場的腳步為什麼如此緩慢。他們簽下了很多、很多小型茶農，但買家卻寥寥無幾。失衡的單邊市場讓人很難從中獲利。就像所有盡責的公司創辦人會做的事情一樣，他們決定親自出馬推銷茶葉，盡可能多去了解買家的心態。

有一天，漢娜從一家餐廳供應商那裡接到了一筆非常大的訂單回辦公室。這家餐廳供應商供貨給各式各樣、大大小小的餐廳，除了茶之外，還包括罐頭食品、乾貨和咖啡。傑克看到這麼大的訂單卻憂喜參半：喜的是公司即將進帳不少，憂的是這筆訂單偏離了公司原有的計畫。他們的初衷是連接精緻餐廳與優質茶葉！可是這家餐廳供應商真的在乎茶嗎？它在乎茶的品質嗎？

「傑克，」漢娜嘆了口氣說道：「餐廳還不太願意跟我們往來，畢竟我們才剛開業不久，他們對我們缺乏信心。餐廳供應商倒是很樂意跟我們往來看看，他們會把我們的茶供應給餐廳，茶農仍然可以做更多生意，姑且讓我們拭目以待吧。」

漢娜另覓重要客戶

幾天後，漢娜從她媽媽的活頁名片簿中尋找潛在客戶，果真又簽下一家餐廳供應商的訂單。她把車停進辦公室外的停車場，坐在溫暖的車裡，準備熄火的手停在車鑰匙上，漢娜心想：TeaBee 的使命是「為愛茶人士奉上好茶」，這使命或許並不誘人，但也夠清晰了。直接賣茶給餐廳，或者賣茶給餐廳供應商，有差嗎？她覺得應該沒差。她把鑰匙放進口袋，走進辦公室。

同樣和煦的陽光使辦公室溫暖無比，相形之下，躲在車上似乎並不明智。漢娜把運動外套扔在她的赫曼米勒（Herman Miller）椅背上。這些名牌椅子和幾塊白板，是在一家資金燃燒殆盡的新創公司結束營業拍賣會上買的。幾乎所有的「後浪」新創公司都是踏著「前浪」的白骨走過沙灘的。谷歌的辦公室之前是網景（Netscape）在用，再之前是矽圖（Silicon Graphics）在用。你必須足夠樂觀或瘋狂，才會對這個事實視若無睹：「新創公司成功的機率比中樂透大獎的機率高不了多少。」樂觀與瘋狂，漢娜覺得她和傑克兩人都兼而有之。

漢娜看到傑克在辦公室後面，那裡放了一張長桌，同事們常在桌上一起吃午飯，或者當他們唯一的會議室被占用時，在那裡開個臨時會議什麼的。傑克站在新來的設計師旁邊，她叫安（Ann）？不對，是安雅（Anya）。傑克身高大約一百八十八公分，在只有一百六十五公分的安雅面前，他像是個巨人！因此傑克弓著身體漫不經心地試圖緩和跟安雅談話的氣氛。漢娜加入他們，傑克稍微挺直身體，長舒一口氣。

桌上放著幾個貼著不同顏色標籤的硬紙盒。

「漢娜，妳看一下，我覺得這藍色相當可愛，但我擔心它在貨架上不夠突出；橘色倒是很顯眼，但可能不是個可口的顏色？藍色感覺是種值得信賴的顏色。」傑克可以討論顏色好幾個小時，如果再加上字體，大半天的時間就泡湯了。漢娜一直搞不懂為什麼傑克認為他們需要聘用平面設計師，看起來傑克自己就堪當大任，但他堅持設計不是他

的專長，她只好妥協。這時，安雅從桌面推過來一個深紅色的盒子。

「嗯，這個深紅色看起來不錯，」漢娜說，「我相信你們兩個能夠搞定。傑克，我只是想讓你知道……我剛剛簽下了明水餐飲用品公司（Brightwater Supplies），他們的客戶從莫德斯托（Modesto）一直遍布到佛雷斯諾（Fresno）。」

傑克皺了皺眉，問：「佛雷斯諾在……北邊？」

漢娜大笑，「南邊！下次我去矽谷的時候，你就一起跟我去吧！」她把包裝盒推到旁邊，然後把合約放在傑克面前的桌上，小心翼翼地把合約攤平。傑克仔細審視，發現金額實在……令人驚豔！這是他們公司成立以來最大的一筆訂單。

「嘿！這裡！」他敲了敲合約裡被劃掉重寫的

幾行字：「不用我們公司的網站是什麼意思？」

「他們嫌麻煩。」

「鬼扯！我才剛完成網站的可用性測試。」

「他們看過網站，但是不喜歡。你先別抓狂！過一陣子，我們開始正式供貨的時候，你可以和我一起去拜訪他們。這段時間，我會親自輸入訂單，直到你弄清楚需要進行哪些調整為止。或許你可以請艾瑞克（Erik）寫個應用程式界面（API）和他們的系統整合？他們訂購了很多茶葉，而且會定期下單。」

看起來傑克並不服氣。

「這可是一大筆錢啊！我會搞定的。」漢娜深吸一口氣，接著說：「快回去工作吧！別傷腦筋了！」

她大步走到茶水間，準備泡杯茶喝，心裡有些沮喪。她本來希望傑克會感到興奮，這些可都是真金白銀啊！不只是錢，而且是穩定的、大把的鈔票呢！但是他的反應卻好像她買了一堆食品雜貨，卻忘了買最重要的牛奶。不過，只要她進入茶水間，她就覺得好多了，因為房間裡滿是茶農送來的茶葉樣品，她隨時可以盡情品嚐。她翻了翻上週到華盛頓州農場參觀後帶回的綠茶樣品，閉上眼睛，鼻子湊近袋口，聞了聞茶葉的芳香，感覺就像郊外踏青時腳下踩碎的乾草味道。一回神，她突然發現茶水間還另有人在。

「哎，好糗……」漢娜轉身對傑克說。

他揮揮手：「嗯，隨便啦，我們都會做同樣的事。我覺得天佐（Tenzo）農場的茶葉一級棒！」他插上電熱水壺的電源，從架子上拿出另一個杯子，他斜靠著櫥櫃，雙手交叉環抱胸前：「我不知道我能不能和這些人打好關係。」

「這些人？」

「供應商啊，他們居然把立頓茶包送進三星級的餐廳，他們根本不在乎！」

「我不知道這件事，他們提供餐廳想要的東西。我說服他們：好的餐廳需要好茶。這只是客戶開發。」她聳了聳肩。

「新創公司的重點是用正確的方法做事：優質的產品、精美的包裝、銷售給出色的客戶。而不是像多數公司一樣便宜行事。」

「我認為新創公司的重點是找到產品市場契合（Product/Market Fit），以便發展成一家讓相關人員都受益的公司。」

電熱水壺的燈亮了，傑克倒水泡茶：「對啦！對啦！教科書上也是這樣說的。只要你能賣，賣什麼都沒關係，即使你賣的是垃圾！」他不斷地旋轉濾茶球以示強調：「這是我們能夠**與眾不同**的機會，我們可以使精彩的體驗變得更極致！我知道妳很擔心公司的盈虧，但請別忘了我們創業的初衷。」沒有等漢娜回答，傑克馬上大步離開茶水間。

漢娜心想，除非我們能接到更多訂單，再過十個月公司的錢就要燒完了。如果茶葉夠好、又能賺錢，那還有什麼問題呢？

漢娜提出轉型建議

幾個星期後，漢娜把傑克拉進他們的會議室。傳統的長方形會議室，被漆成可能是房東喜歡的灰白色，四面牆上有三面都掛著老舊的白板，前任租客留下的字跡與刮痕依稀可見。漢娜覺得日光燈讓人有點不太舒服，但還好沒有閃爍。在漢娜大學畢業後申請研究所的兩年時間裡，就是在許多這樣的房間裡度過的，那些閃爍的燈光使她抓狂！閃爍的燈光不僅本身就令人討厭，也是屋主太疏忽或沒有用心去處理的象徵。她認為這是不祥之兆。

進入燈光明亮的會議室後，他們發現首席程式設計師艾瑞克在裡面，他喜歡在沒有窗戶的房間寫程式。

「嗯，艾瑞克，我們要用會議室。」

「等一下……」艾瑞克仍然埋首於筆記型電腦，一頭沙金色頭髮的他，不但比傑克高且瘦多了，瘦削的身形，在閃亮的銀色電腦前彎成了一個問號。

「先出去吧！艾瑞克！」傑克語氣雖然和緩，但態度相當堅定。

「好，我走……我站起來了……我在走囉！」艾瑞克起身，把筆記型電腦放在手臂上，不時地敲兩下鍵盤。一直到他離開會議室，眼睛始終沒有離開螢幕。

「他為什麼躲在這裡？」漢娜覺得很煩。她希望傑克已經知道她要和他談什麼，但她有種不好的預感他並不知道；就算知道了，他也一定不喜歡。

傑克聳了聳肩：「他需要集中注意力。無論如何，他還不錯，而且，我們還沒有技術長……」

這話又讓漢娜想起另一個問題。理論上，招聘技術長應該是傑克的事情，但是漢娜覺得傑克對業務中跟設計無關的部分都不感興趣，她在想恐怕必須把這件事加到自己的待辦事項裡了。她咬了咬下唇。

他們把椅子拉到長型會議桌的一端，會議桌是由傑克、艾瑞克和系統前端工程師卡麥隆（Cameron）花了一個週末，用宜家（IKEA）的木製櫥櫃組裝而成，算得上是物美價廉。可惜的是，他們並沒有完成清理，任何灑出來的東西都會留下歷史痕跡。漢娜一邊用手指頭搓著一塊咖啡污漬，一邊整理思緒來解釋自己的想法。污漬並沒有消退。

傑克等著，沉默也算是傑克的專長。

「傑克，我最近簽了幾家餐廳供應商，」漢娜停頓了一下，而傑克雙臂抱胸。好吧，這次溝通顯然並不容易。「每張訂單都相當於簽下了十到二十家餐廳，因為那些都是他們的客戶。我已經幫阿拉馬克斯（Aramaxx）輸入很多訂單，他們做很多茶葉生產商的生意；還有，傑佛遜餐飲用品公司（Jefferson Supplies）的訂單也增加了一倍；更棒的是，天佐農場甚至考慮要增加員工！」

她望向傑克，他似乎僵住了。她真希望他能猜到她想要說什麼；除非他已猜到了，但是他不喜歡。先接著說吧！

「這是個超棒的生意。兩邊的銷售週期一樣長，但是供應商願意嘗試和我們合作。

不像那些餐廳與咖啡廳，跟我們開了五到十次會議之後，還說要等到我們更成熟再來找他們。事實擺在眼前，我認為戰術轉型（Pivot）的時候到了。」

在學校的創業課程中，他們學過：戰術轉型是在不改變戰略的前提之下改變戰術。漢娜深深覺得，戰術的改變實在是當務之急。他們仍然可以把好茶提供給消費者，需要做的只是運用餐廳供應商現有的關係。

傑克有點驚訝、也有點緊張：「聽著，關於銷售週期的部分，我懂的。」看來他很得意自己使用了商業術語，「但我並不是百分百確定餐廳供應商會不會讓生產商養成習慣，嘗試壓低價格。如果他們強迫茶農降低品質怎麼辦？如果他們生產爛茶怎麼辦？」

漢娜語帶責怪：「碰到問題就迎難而上，不要杞人憂天！」她媽媽經常嘮叨這句話，已經讓她聽到耳朵都快長繭了，而現在居然自己也脫口而出，不禁有點啞然失笑。「傑克，這絕對可行！我們讓茶農賺到錢的同時，我們自己也開始有利潤。而且餐廳供應商也會依賴我們，像這種互利共贏的情況，他們絕不會強迫我們做任何我們不認同的事。」

傑克沒有接話，閉上了眼睛。她看到他的眼珠子在眼皮底下轉動，好像在做夢似的，他在做設計的時候偶爾也會這樣，表示他正在徹底釐清問題。

他睜開眼睛：「盒子上貼誰的商標？」

「真的假的？」她睜大眼睛：「需要擔心那個？」

「我們付出了很多。我們需要品牌露出，就像英特爾之於筆記型電腦，英特爾造就了筆記型電腦。你不該滿足於老是當一個不為人知的獨家祕方！」

「我不知道他們對包裝的想法，他們並沒有要求我們改變。」她聳了聳肩。

「嗯，好吧，我知道妳的意思了。」

傑克的口氣使漢娜根本不相信他了解她的意思。她留意到他不斷地在磨牙。

「我想，考慮聚焦在供應商身上可能是合理的。」他勉強附和了一下這個想法，接下來該說「但是」了：「但是，妳看，妳並不知道跟這些傢伙合作會怎樣，我也不知道！」

漢娜被這種悖離事實的話卡住了，她無法和莫名的恐懼與模糊的焦慮爭論。靈光乍現，她有主意了：「我們去和吉姆談談吧！」

吉姆．佛羅斯特（Jim Frost）是他們的第一個天使投資人，他是個矽谷老將，親眼目睹許多公司倒閉，也見證過極少數公司成功。他飽含智慧與見解，如果有任何人能夠幫他們解決這個問題，他是不二人選，傑克與漢娜都很信任他。他們的首席程式設計師就是由他介紹，他也正在為他們尋找技術長。

傑克坐在那考慮了一下這個提議，點頭同意：「也好，或許旁觀者清！」

吉姆正在星巴克開會

吉姆．佛羅斯特喜歡在星巴克裡開會，他熱愛星巴克。任何投資者都喜歡這類白手起家的故事：星巴克創立之初，只是一家把優質歐式咖啡帶進西雅圖派克市場（Pike's Place）的小咖啡廳，但價格卻是當時一般咖啡的三倍。以前一塊美金可以無限暢飲，現在一杯單一口味的咖啡就要三塊美金。星巴克開創了一個市場，並且獨占了這個市場。現在每個街區幾乎都有星巴克，吉姆甚至可以在飛機上喝到他們的咖啡。他多麼希望當初能夠有機會投資星巴克，同時也夢寐以求可以碰到能建立下一個星巴克的創業者。

吉姆的前一場會談對象手裡拿著義大利濃縮咖啡從吧檯那邊走過來，他起身招呼示意。兩位創業者分別入座，丹（Dan）是瘦削的印度年輕人，佛萊德（Fred）長著雀斑、一頭草莓色的金髮，和一看就知道是「多力多滋和可樂」當正餐的鮪魚肚。

吉姆聽他們談論最近的方向改變，這是十八個月以來的第四次。他一開始投資他們的時候，他們在做飲食追蹤系統，然後改做美食健康菜單，現在他們主打健康食譜。看到兩位創業者對新方向假裝很高興的樣子，吉姆強忍住嘆息。

「我們的測試用戶喜歡這個網站！」丹自吹自擂，但是他的口氣卻毫無興奮感。佛萊德一直盯著自己的濃縮咖啡，好像那是個可以斷吉凶的水晶球，他的目光甚至沒有直視吉姆。兩人從萌生創意到著手創業的熱情，已經快被反應冷淡的市場消磨殆盡。尤其是佛萊德，他非常喜歡原先飲食追蹤系統使用的技術，但方向改變之後，他被卡在為一個他並不關心的網站編寫程式碼而動彈不得，他看起來疲憊不堪，而且胖了不少。丹則是身陷於像陀螺一樣的手忙腳亂之中，他還沒有體認到什麼時候應該停下陀螺，誠實地面對他們的問題。

吉姆想：創業失敗有兩種，有的是彈盡援絕；另外有的是心力交瘁。而他們則是兩者都有。

吉姆和他們握手道別，也等於向他的投資說再見，一旦團隊無心戀戰，當然也就沒有理由再投入更多資金了。

當吉姆看到漢娜的喜美汽車駛入停車場時，他不禁對這些年輕的創業家感到好奇：漢娜和傑克在接下來的日子裡會步上丹和佛萊德的後塵嗎？或者，他們會成為下一個星巴克？

傑克真心討厭星巴克

他們不得不在吉姆辦公室附近的星巴克見面，這總是讓傑克內心有些無語的小崩潰。這家星巴克所在的露天商場裡還有喜互惠超市（Safeway）、殼牌石油（Shell Oil）、墨西哥快餐（Taqueria）、以及一家出人意料超棒的懷石料理。星巴克代表了傑克對矽谷感到陌生和困惑的一切，如果可以喝到更好的咖啡與更棒的茶，為什麼投資人老是喜歡約在星巴克見面？為什麼一家米其林星級餐廳要開在露天商場？到底誰需要這麼多停車位？他從來沒看過這裡停的車超過一半。

漢娜輕鬆地把老舊的喜美停到靠前面的停車位，引擎抖動尚未停止，她就拔出鑰匙放進口袋下了車。傑克乖乖地跟在後面。

看到吉姆使他高興了一點。吉姆坐在後面的戶外座位區，那裡是他經常召集會議的地方。年近六十的吉姆是前英特爾高階主管，曾經開過兩個非常成功的新創公司，之後轉做天使投資。他那張布滿皺紋的臉，講述的多半是在陽光明媚的高爾夫球場上歡笑的故事，而不是通宵達旦的壓力；然而實際上，生活帶給他的卻是壓力多於歡笑。他站著和兩個穿著相同藍色襯衫和卡其褲的年輕人握手，傑克猜想他們剛剛結束會談。

漢娜碰了一下傑克的手臂，輕輕拉了他一下，喃喃自語：「我可不想去跟陌生人哈拉。」他們放慢腳步，等前面兩位創業者離開之後，傑克與漢娜才過去坐下，問候吉姆。傑克發現座椅還是熱的。接著他們向吉姆陳述公司轉型的問題。

吉姆重新坐下，手指輕輕摩挲著他的雙份義式濃縮咖啡杯邊緣。他們每次見面，吉姆都在喝咖啡，他看起來總是很平靜，就像剛剛上完一堂瑜伽課一樣。

「以前我在英特爾工作的時候，每當我們遇到難以下決定的事情，總會想起一個故事：在一九八〇年代，日本企業不斷擴大記憶體的市場占有率，英特爾虧損不斷加劇，對於要如何因應，內部掀起了無數的辯論，而且是真正殘酷無比的爭執，」吉姆接著說道：「有一天，安迪．葛洛夫（Andy Grove）和高登．摩爾（Gordon Moore）再度商量對策時，安迪望著遠處大美洲主題遊樂園（Great America Amusement Park）正在旋轉的摩天輪，他轉身問高登：『如果我們被開除了，而董事會重新聘請一位執行長，你認為他會怎麼做？』高登毫不猶豫的回答：『他會忘掉過去，展望將來。』安迪對這句簡單明瞭的答覆感到震驚不已，於是說道：『你和我為什麼不先走出大門、再回來，然後我們就親自來執行？』」

「好了，後面的故事你們都知道了，」吉姆繼續：「這個作法推動了英特爾更上層樓。從此以後，英特爾往往會用類似的『旋轉門實驗』（Revolving Door Test）來面對極為艱難的決策。我們會設想，一個沒有歷史和情感包袱的人會怎麼做？」吉姆停下來，喝了一口濃縮咖啡。

「所以，孩子們，如果你被聘為新任執行長，你會怎麼做？」

傑克望向漢娜，但是她不發一語，他知道她在想什麼。

傑克說：「我必須認真考慮這個方向，雖然這是大筆的收入，但是我非常擔心要是朝這方向發展，我們將被迫降低品質。」

吉姆問：「然後會怎樣？」

傑克回答：「我不同意！如果降低品質，我會第一個退出！」

說完，三人陷入一片靜默。

漢娜說：「我也不同意降低品質。」

傑克的目光從他那杯還沒喝的茶向上移動。

「我不想建立一家銷售劣質產品的公司，」漢娜接著說：「長遠來看，那根本行不通。如果我想賣劣質茶的話，還不如乾脆去生產茶包的畢格羅（Bigelow）或詩尚草本（Celestial Seasonings）上班就好啦！我創業是為了改變世界，而不是複製原有的世界。」

傑克把目光移回他的杯子：「我懂！該死！我懂的！」他之前聽她說過，他們已經討論過上百次了；但是，面對白花花的銀子，她還會堅持自己的原則嗎？

漢娜笑著說：「好啦，傻瓜！我們一起打拚就是要讓喜歡喝茶的人能夠喝到好茶，而不是要讓茶葉放在倉庫裡變過期、變噁心——就像你現在做的事情一樣。」她指了指傑克的茶杯。

傑克看看自己的茶杯，再看看她，淺淺一笑。當她這樣說話時，讓他想起了他的妹妹。漢娜讀的是企管碩士（MBA），而傑克讀人機互動設計的同學總愛取笑企管碩士和他們的奇怪用語，例如：「退場機制」（Exits）、「價值最大化」（Maximizing Value）之類的。他一直認為，在企管碩士眼裡，「價值」就是金錢的「行話」，但並不是他想到價值時所代表的意義。

傑克終於開口：「看來我們無意間已經達到了他人難以企及的產品市場契合。我想，如果我是新任執行長，我會承諾轉型。」

他看到漢娜的肩膀明顯地放鬆了。

「很好！」吉姆說道：「如果你們遭遇來自團隊抗拒轉型的阻力，不要驚訝，這很正常。我建議你們考慮使用 OKR 來讓管理步上正軌，」他得到的是兩位年輕創業者茫然的眼神，「OKR 代表『目標與關鍵成果』（Objectives and Key Results），我的許多公司都用它來提升聚焦能力和團隊產出。每一季度，設定一個大膽的定性 O（Objective）和三個可以衡量你們是否達到 O 的定量 KR（Key Results）。」

「所以，你們認為團隊應該設定什麼樣合理的 O？要有挑戰性，但可以在三個月內達成。」

「向餐廳供應商證明我們的價值。」漢娜立刻回答。

傑克打斷她：「妳所謂的價值是什麼？」

「展現我們可以提供有助於他們業務成長的優質產品。」

傑克稍作停頓，然後點點頭。優質產品，聽起來不錯。

吉姆又問：「你們要怎麼知道做到了沒有？」

漢娜與傑克反覆討論：找到一個以營業額為基礎的KR並不難；但是要對供應商如何評估TeaBee的指標達成共識，還真不容易。

「供應商不討價還價？」傑克建議：「我的意思是，如果我們提供的是優質產品，他們應該不會討價還價。」

漢娜翻了一下白眼：「聽著，傑克，做生意討價還價本來就是天經地義的事，爭取最優惠的價格是企業賴以生存之道啊！如果哪天我媽媽突然不殺價了，我會要她去檢查身體。我們不如用留客率來當指標，」傑克一臉茫然，漢娜接著說：「回購率達到三○%，如何？」

吉姆插話：「OKR必須設定有挑戰性的目標，那種你們有五〇％把握可以達成的，你們要試著讓團隊自我驅動。身為你們的投資人，我會擔心你們只想達到三〇％的留客率。」這番嚴肅的提醒，表示吉姆不只是一個朋友，而且是出錢的人。

傑克搶著說：「一〇〇％的回購率！」

吉姆笑了：「有可能嗎？設定一個讓團隊覺得無法達成的目標，反而會打擊士氣。」

漢娜接話：「我認為七〇％是可能的，到目前為止，每個客戶都有回購，主要是因為我一直在敦促激勵他們（代客戶輸入訂單）。」

傑克回應：「說到這個，那正是我想停止的作業模式——如果可以的話。畢竟我們有了網站，他們應該可以自己上網下訂單吧？」

漢娜回答：「他們沒法使用，現有的網站並不符合他們的需求。」

「好吧，那我們也把優化網站列入OKR。」

這時，吉姆的下一場會談對象已經到了，他默默地「轉檯」到另一張桌子，留下他們兩個繼續討論細節。

漢娜和傑克繼續討論目標與衡量指標，直到他們突然發現自己在傍晚的陰影下打了個寒顫。太陽已經整個沉降到星巴克後面，他們的茶也變得冰冷；但是，他們有了可以共同奮鬥的明確目標，於是各自回家，心繫相同的目標入睡。

漢娜宣布轉型

第二天上午一到辦公室，沏上一壺安徽祁門紅茶，他們再度重新檢查昨天設定的OKR，看起來雖然很困難，但是方向正確。

漢娜與傑克召集團隊進入會議室，漢娜站在房間前面，雖然她在創業家課程上每週都必須當眾演講，她仍然覺得在大家面前講話滿尷尬的。三位程式設計師都開著筆記型電腦，坐在一排；設計師安雅躲在自己的一頭長髮後面，拚命地在素描本上塗鴉；即將正式入職的日裔財務長直子（Naoko）安靜地坐著，一隻手輕輕放在一疊最新的銷售報表上。漢娜覺得更緊張了，知道這些人把他們的未來押在傑克和她身上，怎麼可能沒有壓力？

漢娜深吸一口氣，嘗試用瑜伽老師教的減壓方法，意守丹田、氣運腳趾。

「夥伴們！」她看著他們的臉龐尋求鼓勵——當然，如果看得到臉的話——首席程式設計師艾瑞克從筆記型電腦上抬眼瞥了站著的她一下，但另兩位程式設計師卡麥隆與雪柔（Sheryl）目光一直牢牢盯著他們的程式。傑克坐在她旁邊，對漢娜微笑並點頭示意她開始。

「我們要宣布一件事：我們計劃做一個小小的、但我們相信是很重要的轉型；我們計劃完全聚焦在對餐廳供應商的銷售。」她和大家一起檢視了公司最新的進展與直子帶來的報表。

傑克插話：「我們仍然會從分散在各地的茶農，把優質茶葉帶給精緻的餐廳，我們只不過是找到了更有效、更有利潤的方法。」

團隊裡有些人看起來並不高興，艾瑞克尤其覺得失望，他第一次目光離開電腦往上看：「鬼扯！這家公司的成立是為了幫助茶農和小型企業！這也是我加入的原因。」他是個美國中西部大男孩，到加州大學柏克萊分校就讀，之後留下來躲避堪薩斯州寒冷的冬天。

「這些供應商銷售大企業出品的茶葉，他們不關心茶農！他們只關心利潤。」

傑克回答：「茶農有 TeaBee 來保護他們的利益，那是再好不過的了，在接觸新客戶的同時，我們會確保他們可以拿到最好的價格。」

漢娜搶著說：「還有，他們大部分都不夠大，或者沒有足夠穩定的供貨量來吸引餐廳供應商。當我跟餐廳談的時候，他們會顧慮穩定的供貨量；當我跟餐廳供應商談的時候，他們覺得這些小茶農太小，不值得花力氣，直到 TeaBee 出面整合供貨量，確保我們可以提供優質綠茶與紅茶的最低量。」

傑克下結論：「現在茶農可以賣出比較多茶葉，而且，更好的是，他們可以預測自己的銷售收入，並且知道招聘甚至擴張的時機。這對每個人來說都很棒。」

最後，團隊似乎都了解了這次改變，漢娜注意到艾瑞克用手捂著嘴，似乎是為了阻止自己發表評論。她很想知道他腦子裡在想什麼。

「讓我們討論這次轉變的意義，」漢娜在白板上畫了一個商業模式圖：「我們現在要考慮一個新客戶——餐廳供應商，這就是我們的改變。我們需要再聘請一些銷售人員，還要成立一個強大的客戶服務部門，我們的業務之前都是靠傑克的魅力和我的一雙腳完成的。」底下爆出一些零星的笑聲，每個人都知道傑克不喜歡處理銷售業務。他喜歡閒聊，也經常找到新客戶，但成交、議價、簽約就全要靠漢娜了。「我們需要知道自己在做什麼的人，每筆交易至少都要幾千美金，而不是幾百美金。TeaBee即將擁抱『高體會』[1]！」

接下來，他們討論了OKR設定流程，並逐一檢視TeaBee的OKR。

漢娜在白板上寫下第一組OKR：

O：在餐廳供應商心目中，建立優質茶葉供應商明確的價值

KR：回購率七〇%

KR：主動回購率五〇%

KR：營業額二十五萬美元

然後她加上另一組OKR：

---

1. 譯註：High Touch：體察他人情感，熟悉人與人的微妙互動，懂得為自己與他人尋找喜樂，發覺意義與目的。

O：為餐廳供應商建立有價值的訂單管理平台

KR：回購訂單線上完成率八〇%

KR：滿意度八／十

KR：客服電話減少五〇%

然後她再加上「O：建立高效的業務團隊」，以及幾個KR；還有「O：建立快速回應的客戶服務理念」，並針對此一目標加上三個KR。

團隊討論了他們是否能達到目標，並將回購率降為六〇%。「畢竟，」艾瑞克說：「我們可以下一季度再把數字提高，對吧？」

討論即將進入尾聲的時候，卡麥隆舉手：「我們現在的客戶怎麼辦？那些餐廳？」

「哦，我們可以保留他們。」傑克說。

漢娜轉過頭來，可以嗎？

她張嘴想要反駁，但欲言又止。他們已經給團隊帶來了很多變化，而且也不太可能再去開發新餐廳的業務。她以後可以私下和傑克談談，或者，設定一個讓餐廳逐漸退出的計畫。她並非迴避衝突，而是選擇她自己的戰爭方式。對嗎？

漢娜出席品鑑會

漢娜正在輸入供應商的訂單，突然感到有人站在她的辦公桌旁。她抬頭一看，傑克穿著外套站在那裡，手裡拿著幾個紙盒。

「妳準備好了嗎？」他問。

「要幹嘛？」

「品鑑會？在 XFlight 共享辦公空間？妳記得吧？我們必須要出發了，不然塞車會讓我們發狂的。」

漢娜瞪著傑克，把她的思緒從數字轉移到話語：「聽著，我必須輸入這些數字，否則塞斯托福公司（Systovore）就收不到他們訂購的茶葉了。」

「為什麼他們不用網站？」

「我們討論過這個，網站每次只能輸入十筆資料，依照他們的規模，如果他們必須輸入一個訂單八十次，他們會翻臉的！修好網站，不然一邊涼快，讓我完成再說。」

「我在車上等。」

「外面氣溫三十五度，汽車會變成烤箱的。」

「那就別讓我熱死！」他拿著紙盒怒氣沖沖地走開，喃喃自語：「我討厭遲到！」

漢娜低吼一聲，但還是關掉她正在處理的檔案，朝外面走去。

他們抵達後有足夠的時間擺放茶葉樣品。XFlight 是一個典型的共享辦公空間，在一個開放的閣樓空間裡容納了六家小型初創公司，每家公司有三、四個人。辦公桌看起來像是 IKEA 的，座椅都是昂貴的赫曼米勒專業辦公家具。茶水間裡放了幾台微波爐和一台飲水機，玻璃器皿包括品牌咖啡杯和梅森密封罐（Mason Jars）。「幸好我們自己帶了茶壺和茶杯，」傑克高興地嘀嘀咕咕：「似乎沒人在乎真正的品質，純粹想使這個共用茶水間看起來時髦罷了。」

漢娜現在感覺好多了，一路上都放著喧鬧的迪斯可音樂，注意力也更集中了。一邊對自己哼著〈洗車場〉（Car Wash）這首歌，一邊整理媽媽從批發市場買來的小玻璃茶杯。這次品鑑會之後，她打算告訴傑克，不再參加了。傑克大聲地與共享辦公空間總經理攀談，在幫她張羅業務。天生內向的她，除非為了生存所需，她寧願不要跟別人閒聊。

晚上的安排和其他品鑑會一樣，他們試吃了幾家咖啡店和麵包坊。傑克設法和那裡的每個人交談，說服人們品嚐每一種茶；漢娜和一家做旅行手機應用程式（APP）的執行長針對已經接觸過的天使投資人交換彼此的看法。共享辦公空間的租客在八點離開，有的回座位繼續寫程式，有的出去找東西吃。漢娜開始收拾東西，和人互動已經讓人生厭，開車回去也不好受。她突然想起來她還有一張訂單要輸入，她深深嘆了口氣，放下她那盒茶杯。

「傑克？」

「嗯？」

「我們為什麼要來參加？」

「我們剛剛和他們的辦公室經理簽了一張訂單，每週十五磅茶葉！而且我們的品牌也會出現在包裝上……這有助於品牌識別。」

「被誰識別？餐廳供應商不會在這個廚房裡閒逛，那才是我們的客戶。」

「好，那投資人呢？無論如何，我們簽了一張訂單。」

「共享辦公空間？這不是我們的重點！」

「他們可以在網站上自助下單。妳哪根筋不對啊？」

「我每天都要做很多資料輸入！你應該負責產品營運，所以趕快優化產品！」

「已經在『待辦事項』裡了！」

「待辦事項？那是『走開，別煩我』的工程術語吧？」

「不是！該死的！不是！」傑克忍住。他看來很困惑，似乎被她的憤怒搞糊塗了。但是他會忍讓；他們從來不吵架。他們都不喜歡吵架，無論如何，漢娜不喜歡吵架，更不會喜歡現在吵架。「聽著，我今天就搭計程車回家，這樣妳就可以快一點回家了。」他向她豎起白旗。

漢娜硬吞下她對爭執的反感，她必須要表態：「不，傑克，你叫計程車前要答應我，不要再參加品鑑會了！我們已經同意了我們的OKR，品鑑會不能推動OKR，完全是浪費時間。」

傑克猶豫了，他把雙手塞進口袋，然後又拿出來，彷彿被責罵似的：「有用啊，人脈網絡。」現在他的聲音柔和些了，聲音中流露出些許不確定。

「不，我不認為。」

突然間，他的態度變好了：「哦，妳在擔心對蒙特雷市（Monterey）的那些傢伙做業務拜訪，放心！我也一起去！確保每個人都很好相處！走吧！冷靜下來，睡覺！」然後他從她臂彎裡拿下那盒茶杯，走出大門，留下了張嘴瞪眼、驚訝不已的漢娜，他對她的顧慮完全不以為意。冷靜？漢娜無法冷靜，而且她當然不能睡覺，至少在輸入完另一張有二十種不同茶葉的訂單之前不能睡。

傑克承諾品質至上

傑克在上午稍晚的時候進入辦公室，他慢慢地把自行車鎖在辦公室背後的車架上。漢娜一向是「早鳥」，傑克並不想重燃昨晚的戰火，如果漢娜道歉，他會覺得不舒服；或者他主動道歉，要是她不原諒他呢？無論如何，他都會感到不舒服。他只是想經營一家生產好產品的好公司。

他見過很多他喜歡的產品設計隨著時間的流逝而消失在歷史長河之中，就連他心愛的智慧手機現在也又大又笨重地放在口袋裡，以前拿在手裡就是件樂事。他曾於暑期在一家他很欽佩的公司工作，他看到過產品經理和生意人如何為了快速獲利而把品質拋諸腦後。然後他體會到為什麼所有事都變得愈來愈糟：錢！生意人使盡渾身解數在季末促使營收增加，他們因此可以拿到獎金分紅，完全不顧用戶體驗或公司聲譽！當時他決定，唯一能夠保證品質並實現願景的方法，就是自己創辦一家公司。然而，現在他擔心自己會被迫成為那些生意人之中的一員，那些他所憎恨的高階主管，為了讓 TeaBee 繼續前進，而放棄自己的原則。

或許，如果他能向漢娜解釋，為什麼在品鑑會上展示他們的產品品質是如此重要，強大的品牌才能造成強大的口碑效應，而強大的口碑效應也才能讓好茶膾炙人口！這樣人們就會知道 TeaBee 有多棒，錢的問題也就迎刃而解了。他該這麼做；他要解釋，她會理解，她也愛茶。

他走進辦公室，才發現她的座位是空的，應該是出去跑業務。他的肩膀放鬆下來，他甚至不知道剛才自己的肩膀如此緊繃。好吧，改天再談。他朝自己的桌子走去，還沒來得及坐下，艾瑞克就向他招手。

「嘿，大哥，我看到了一些很酷的東西，然後熬夜做了一個雛形，來看看。」

艾瑞克向後靠在椅背上，他的長腿在桌下伸直，他用他細長泛黃的手指指向螢幕，傑克很好奇他一天抽多少菸。

艾瑞克把網站首頁向下滾動，當其他內容移動時，導覽列固定不動。然後他打開訂單表格，正確填寫好前一個欄位，下一個欄位就會自動顯示。

「很流暢！」傑克說，欣賞著效果。

艾瑞克聳聳肩：「只是在等大宗訂單的規格書時，消磨時間罷了。」

傑克感覺胃部痙攣了一下：「那是我的責任，我差不多做好一半了，但因為準備品鑑會而耽擱了。」

「大哥，別擔心！」艾瑞克說：「說真的，那些餐廳供應商就應該咬緊牙關並輸入他們的訂單，他們靠掠奪茶農已經賺飽了錢，讓他們花點鈔票，至少增加一個資料輸入的工作。」

「資料輸入」這幾個字讓傑克覺得很不舒服：「一直是漢娜在輸入，而不是供應商。」她之所以在做這項工作，是因為他沒有寫好技術規格書，讓艾瑞克去寫新功能的程式。

艾瑞克似乎沒有注意到傑克的壓力：「無論如何，我不懂。為什麼我們要養肥那些中間人？幫助茶農不是重點嗎？還有餐廳呢？你知道的，那些小公司？」

傑克喜歡拜訪餐廳，也喜歡拜訪共享辦公空間和育成中心，他根本不喜歡大多數供應商那種企業辦公室。

「我有時候覺得漢娜想成為下一個星巴克。」艾瑞克結束了他的抱怨。

「對啊，我不懂，」傑克終於回答：「好像每次我們和投資人見面都是在星巴克。這就是他們想要的：出色的出場、豐厚的回報。」

艾瑞克點頭：「好吧，幸好我們在照顧茶農，總要有人做。」

「是啊，兄弟，對極了！世界上大量生產的垃圾已經太多了，我們必須向人們展示什麼是真正的品質！」

「大哥，讚！」

傑克回到辦公桌前，感覺好多了。他們擁有優質茶葉、包裝設計美觀、網站一應俱全，漢娜一定回心轉意。

漢娜談收支數字

下午較晚的時候，漢娜終於回來了。一位工程師在窗戶上貼了一些活動掛圖用的白紙，試圖減少光線，但陽光依然直射進來。

她走到傑克面前，甚至沒有到她座位停下放包包：「我們談談。」

她走進會議室。

「我們要用會議室，艾瑞克。」她邊說邊走進來，口氣絲毫不容爭辯。

他從椅子上站起身來，帶著他的筆記型電腦回到自己的座位。

漢娜坐下，傑克坐在她對面，他們中間隔著大會議桌。牆上是他在這一季初做的OKR海報，他漫不經心地想著他們到目前為止已經達成了多少。

漢娜身體前傾：「傑克，你延長了安雅的合約。」

他眨了眨眼：「是的，我們還沒做完。」

「我們養不起她，我們也養不起我們自己！這一季已經過了六個禮拜了，再過幾個月，我們就得出去嘗試再募資，但我們的業績沒有成長，我不認為有人會要投資。」

傑克繼續盯著漢娜，滿臉不解。他似乎對這次談話毫無準備。

漢娜瞪著他：「你看了我發給你的圖表嗎？傑克！」

「嗯，我真不是那種數字高手。但我們簽下了XFlight！還有上週的餐廳！」

「而我們上上週失去了一個餐廳客戶，他們關門了。這樣一來一往，我們收入並沒有增加。聽著，我們討論過這些，我們需要供應商客戶，這一季多兩個，下一季再多五個，我們就會有漂亮的業績，漂亮到可以開始募資。」

「我們就不能找一堆餐廳客戶嗎？」

漢娜瞪大眼睛，感到無言。她知道當時傑克一定已經發現兩個月前他們有過類似的對話，但為時已晚，她爆發了：「我們無法及時簽下足夠的餐廳客戶，除非雇用一大票業務，而那會增加我們燒錢的速度。餐廳做生意又緩慢又謹慎，簽下一家大概要一輩子。就算我們簽了約，他們可能一禮拜只買一磅茶葉，一家供應商抵得上一百家餐廳。」

漢娜怒火中燒：「傑克，你拒絕了解最基本的經濟學常識，簡直要把我逼瘋了。如果你是哪家大公司的設計師，也許你可以在開會時碰到數字的部分打瞌睡；但是，天吶，這是你的公司耶！」如果關門大吉，那就不再是他的公司了。她猛然把手拍在桌上，桌子搖晃了一下，傑克不由得後退一步。

漢娜被自己的暴怒嚇到了，搖搖頭坐了下來。她深吸一口氣，接著說話，她的聲音現在比較低，呈現出另一種平靜，反而讓人更不安：「傑克，如果我們籌不到錢，就必須解雇一些人。你知道我媽媽的餐廳嗎？那不算她的第一家，我外公外婆之前就開過一家餐廳，因此她學會了如何經營一家公司，並愛上了餐飲生意。但在一九七〇年代經濟低迷時期，沒有人外出用餐。我外公外婆試圖讓餐廳保持營業，他們想要讓員工繼續工作，不希望任何人在那個艱難時刻丟掉飯碗。但情況並沒有很快好轉，餐廳還是關門倒閉了。也許他們早一點解雇一些人，想辦法削減開支……」漢娜向後靠在搖搖晃晃的IKEA椅子上。

她望著似乎根本無法感同身受的傑克：「我不能犯同樣的錯誤。」

「妳在說什麼？」傑克輕聲發問。他看起來有點擔心，甚至有點害怕。

「我要你做出承諾，傑克，你想從這裡得到什麼？」她指了指會議室四周，上面貼滿OKR的海報、微笑的客戶形象和網站原型，這些傑克在公司的作品包圍了他們。

「我想，我要一個可以把事情做好的地方；我要找到一些美好的事物，並找到一種能幫別人像我一樣愛上它的方法，我覺得這樣會很有樂趣。」

他停了下來，身體前傾，手肘放在桌上，雙手緊握在身前：「我覺得那會很有成就感。每天我都看科技新聞，眼見人們做出改變世界的事情，我希望能親身參與。」

「有時候很有樂趣，」漢娜繼續：「但你不能老是做有樂趣的部分，而把困難的部分留給別人。如果我們做錯了，我們會倒閉、員工會失業，沒有人會知道茶葉有多好。」她勉強露齒一笑，不過臉上有點扭曲。

傑克回答：「我會仔細看看圖表，好嗎？」

漢娜點點頭，傑克長長嘆了一口氣。漢娜不知道他只是想結束談話，還是真的打算改變。

傑克無意間偷聽到……

傑克戴著耳機坐在電腦前。他一直在聽音樂，但不久前就停止了。他盯著漢娜給的圖表，這些數字是什麼？她訂了OKR，但它們改變了公司什麼？他們賺了多少錢？他們還剩下什麼？一切都好像霧裡看花，但他也不好意思問。不管怎樣，漢娜出去拜訪客戶，四點才會回來，或許，他先試著囫圇吞棗，如果到時候還沒搞懂的話，再請她解釋好了。他相信，只要持續一直看，這些數字最後會自己跳出答案來。

透過耳機，他聽到雪柔和艾瑞克在竊竊私語，他原以為他們在討論什麼程式臭蟲分類（Bug Triage），但後來他聽到了一些片段：「漢娜」、「賣掉」，他忍不住開始注意他們的談話。

「是呀，典型的 MBA 書呆子，」他聽到艾瑞克說：「她只想賺錢。」

「或許吧。」雪柔說，雪柔不是個多話的人。

「看吧，她使我們成了大公司的囊中之物，她成立公司可能就是為了倒手轉賣，那些人在所謂的『商學院』裡就是這麼教他們的。」

講到「商學院」的時候，艾瑞克用雙手手指頭比了個「加重引號」（Scare Quotes）的手勢，諷刺意味濃厚。傑克遮遮掩掩，用眼角偷偷瞄著他們，他想：對啊，企管碩士並沒有教你所有事情。

艾瑞克繼續：「那些人只會先拉高收入，然後解雇所有人，因而獲得更高的利潤，然後他們就可以藉著出場大撈一筆，懂了嗎？」

對傑克來說，這番話簡直就是天方夜譚，漢娜不是那種人。

然後，他又聽到艾瑞克說了一件讓他不寒而慄的事。

「他們的任何『成本削減措施』都對我沒用，我還沒拿到系統規格書，所以我抽空對程式碼做了一些調整。祝他們想聘用的新技術長好運，他一定看不出任何破綻。」

傑克聽過工程師故意寫出令人混淆難懂的程式，因此他們就永遠不會被炒魷魚的故事，他一直認為這是矽谷某種工程怪咖的傳奇，但是他錯了！他關掉圖表，打開規格書，然後在第二台螢幕上重新打開圖表。他坐著有點恍神，眼睛在螢幕之間來回眨著，想搞清楚該怎麼辦。

傑克得知更多消息

很少響起的辦公室電話突然鈴聲大作，傑克跳了起來，漢娜拿起電話，冷靜地回答：「您好，TeaBee，我是漢娜，」她停頓了一下，接著說：「是的，我很好，菲利普！」

那是一家餐廳供應商！傑克坐在椅子邊上，或許可以請她要求菲利普寫一份推薦信來帶動網站的銷售。他靜待插話的空檔。

「我很抱歉！」漢娜回答，眉頭深鎖。

別想要什麼推薦信了，傑克心想。

「您看，我們能不能彌補您？我親自開車送茶葉過去！」

漢娜聽著，久久不發一言。

「我懂了，再次向您致歉，掰掰。」

她掛斷電話，傑克走到她跟前，漢娜一頭磕在鍵盤上。

傑克默默等著，他很清楚現在打斷的代價是什麼。

她抬頭看著他：「傑佛遜（Jefferson）不跟我們玩了。」

「什麼？」

「太多錯誤訂單了。」

傑克看到她擰著雙手，手指不斷地反覆纏繞在一起又分開。

「大宗訂單流程怎麼樣了？傑克，」她問：「我不能一直人工輸入訂單了。」

「嗯，我昨天給艾瑞克了，我想他應該有些進度了吧。」

「是啊，他應該。」漢娜看著他，她的眼神變得冷酷而空洞，她的手一動不動地放在膝蓋上。

「好了，你可以打電話給天佐農場了。」

「什麼？」

「你可以告訴他們，我們沒辦法再給他們訂單了。傑佛遜是唯一採購抹茶的，他們供應日本城大部分的餐廳，告訴天佐，他們失去了最大的客戶，希望他們最近沒有聘用任何人來處理新增的訂單。」

傑克臉色蒼白。

漢娜轉身離開，「去吧，」她說：「快去做吧，總裁先生。」

漢娜獲得忠告

漢娜站在星巴克外面，猶豫不決，她不確定吉姆是恰當的請教對象，但她不知道還可以跟誰說。失去傑佛遜使她動搖，動搖了她對自己的信心。傑克幫不上忙，他就是問題所在。

她買了兩杯義式濃縮咖啡，到後院和吉姆碰面。他站著微笑接過她遞來的一杯咖啡：「傑克今天怎麼沒來？」

漢娜再度猶豫，然後說：「我想和您私下談談。」

吉姆的笑容消失了。他的下一句話說來慈祥和藹，但他的目光打量著她，似乎在評估：「孩子，妳在想什麼？」

漢娜緊張地接著說：「嗯，我們碰到一些挑戰，我希望得到您的建議。」

吉姆示意她繼續。

「都是傑克啦！」她向吉姆連珠炮似地抱怨：「因為他老是在品鑑會和包裝設計這些事情上打屁鬼混，而不處理我們的技術問題，我們丟掉了傑佛遜。」

她等著吉姆回應，彷彿他眼睛周圍的笑紋都被抹去了，他的嘴唇稍微噘了一下，然後雙手平放在桌子上：「他必須扮演好他的角色，妳跟他說明過嗎？」

「有啊！」然後她想了想：「也許吧？我指出他是在浪費時間。」但她只是諷刺他身為

總裁，那是不一樣的：「我想他知道。」

「漢娜，這事並不複雜，清楚地告訴他，再告訴他一次。妳要說到唇焦舌敝，人們才會開始聆聽。你們必須聚焦於O和KR，你必須確保他知道自己在實現目標中的作用。」

他啜飲完他最後一口濃縮咖啡：「妳也要知道自己的角色，身為執行長，妳的工作就是設定目標，並進行艱難的溝通。去當個稱職的執行長吧！」

「我擔心下一輪募資。」漢娜非常希望吉姆能告訴她該怎麼辦。

吉姆聳聳肩：「如果事態嚴重，我們可以找個更有經驗的高階主管。」

漢娜呆住了，她感覺胃在翻騰、濃縮咖啡灼燒著喉嚨，剎那間她突然希望自己點的是平常喝的劣質茶葉。

「我很喜歡你們兩個，所以我要對妳老實說，妳剛剛告訴我你們貌合神離，我是妳的投資人，不是妳媽。妳和傑克一起搞定，或者妳就幹掉他。妳要聚焦在業績上，不然我會另找他人把公司帶到下一階段。事情並不複雜，你們已經有個不錯的開始，但是矽谷滿地都是剛剛開始的好東西。」

這並不罕見，她聽過很多故事，投資人強迫創辦人被經驗豐富的管理者取代。

「我會做到的，我的意思是，我會和傑克談談。」濃縮咖啡使她心跳加速。

「好極了！我很期待我們下次的碰面。」

漢娜得知更多壞消息

漢娜回到辦公室已經很晚了。傑克仍然坐在電腦前，辦公室裡其餘地方都是空的，其他人都回家了，除非艾瑞克躲在會議室裡。她放下外套，正要坐下，傑克大步穿過辦公室朝她走來。

「怎麼了？」她問。她還沒準備好和傑克「談談」，她想要制訂一個行動計畫。

「我們需要談談。」

漢娜低下頭，希望能夠拖延：「現在？我還有很多訂單要輸入。」

「我覺得艾瑞克在胡搞瞎搞。」

「他在……」她望向會議室。

「不在。」

「這太誇張了？為什麼？」

「我無意中聽到他說話，他告訴雪柔，他故意把程式搞亂，藉此保住飯碗。」

漢娜沉重地跌坐下去，竟坐在她的包包上，她起身把包包移開，再度坐下。傑克靠坐在她的辦公桌邊緣。

「傑克……」

「我知道。」

他不知道，一點也不知道。「我們需要一個技術長，馬上。我們都不懂程式，無法判斷這是不是真的。」她的整個公司在她眼前土崩瓦解。

「跟程式無關，是艾瑞克的問題，我知道他並不支持轉型，但是他已經太超過了，他在到處說三道四。」傑克用力嚥下口水：「他在說妳的壞話。」

「我們應該開除他，我們可以開除他嗎？」

「我不知道。」

漢娜打開她的筆記型電腦，雙手微微顫抖，可能是咖啡因過量：「那麼，你打電話給天佐農場了嗎？」

「我想我們現在應該把注意力集中在艾瑞克身上。」

她知道那就是他還沒有。

「我……我需要想想，我們明天坐下談吧，我需要好好消化一下。」

她感到非常孤獨。

傑克打了電話

傑克一上午都沒有打電話給天佐農場，他以前從來沒有轉達過壞消息，他從來沒有開除過任何人，他甚至從來沒有和客戶解約過，儘管他曾經想過好多次。

他整個下午也都沒給他們打電話，他知道，他要不就是在六點他們回家之前、不然就是明早第一件事情必須打電話給他們，漢娜明天一定會再質問他。他離開辦公室，朝濱灣小徑（Bayshore Trail）走去。

他們的小辦公室就在一〇一號公路的臨街處，在公路和濱灣公園（Bayshore Park）之間的一片土地上。這塊地上到處都是各種各樣的新創公司、顧問公司和零星的企業，從動物醫院到教育服務都有，一端是一家大型會計師事務所，另一端是一個新科百萬富翁們共享的小機場。

很多人被棘手難題卡住時，都來這個海灣散散步。漢娜喜歡漫步在小徑上進行一對一談話，除非事涉機密。他很懷念他們在這裡散步的情景，不過他們最近每次談的都是商業機密。然而，這裡是大自然，對於整天被嗡嗡作響的螢幕包圍著的日子來說，是極佳的解憂劑。

他原以為創業是個好主意，看起來，設計師們幾乎從不創建新公司，他們害怕跟金錢有關的事，現在他覺得他們真正害怕的可能是當家作主。他在大學畢業和讀研究所之間休息了一年，做了一大堆諮詢顧問工作，內容很簡單：讓客戶高興。現在他很困惑，客戶究竟是誰？所有人好像都不高興。

他試圖打電話說服傑佛遜給他們第二次機會，但完全不被接受，合作已經終止，他們也已通知漢娜說他們不再合作，他們對於要告訴他同樣的事情感到惱怒。傑克擔心漢娜可能會因為他破壞了晚點再解約的機會而開除他。

最後，他坐在長凳上，望著鹽灘，決定用手機打電話給天佐農場。

他撥通了電話。

「嗨，我是 TeaBee 的傑克，請問淳史（Atushi）先生在嗎？」

「嘿！我就是，你好嗎？創業之路還順利嗎？」

「嘿！嗯，那個，不太理想。」

「哦，怎麼了？」

「好吧，我有個壞消息，傑佛遜已經不再跟我們合作了，我們在十七號以後就不會有抹茶訂單了。」

電話另一端沒有聲音。「你還在嗎？」傑克問。

「我在，」淳史回答。「我只是不知道該說些什麼。我們可以補救嗎？是因為品質的問題嗎？」

「沒有。是……」傑克感到一陣反胃。「是我們的錯。我們搞錯了一份訂單，他們就終止了合作。我很抱歉。」

「好。我知道了。我們下個月必須做些調整……原本有一個非常不錯的兼職同仁，我們正在討論將他轉為正職。」傑克聽出了淳史的失望。「……但現在……對不起，那是我們自己的事。感謝你迅速通知我們。謝謝。」淳史的聲音現在比較堅定，但沒有生氣。然而傑克聽到痛處了。他了解到，一家小企業總是搖搖欲墜。他是造成今天方向錯誤的人。

「抱歉，朋友。」傑克別無他法。他絞盡腦汁想安慰，但就是想不出方法。「對不起。」

「是的，我也很遺憾。」淳史嘆了口氣：「再聊。」然後他不等他回話就掛了電話。

傑克坐了一會兒。一隻蒼鷺降落在小溪上，雪白的翅膀與碧綠的水波交相輝映。面對怡人美景，傑克卻一點兒也愉悅不起來。

就這樣，他決定，他不能只專注於產品，必須好好設計整個事業。他必須了解整個公司的運作過程，並確保每種選擇都是正確的選擇。

這是他第一次意識到 TeaBee 不僅僅是在一個漂亮盒子裡的美味，也是他的合作夥伴與他們曾經的對話，還包括他們共同制訂的計畫，甚至是那些該死的數字。他的事業是一個生態系統，他不只是設計師，還必須是個好園丁，他必須把他的工作做得更好。

他站起來，緊握的拳頭揣進連帽衫的口袋裡，然後回到了辦公室。

時間緊迫

與天佐農場的通話讓傑克有火燒屁股的感覺。大約一個星期，漢娜仍然不斷自己輸入訂單，並在確認發出之前，讓前端開發人員卡麥隆再次檢查。這是一個比以前更緩慢的流程，但是他們承受不起失去另一個供應商。卡麥隆似乎並不在意，他坐在她旁邊，邊跟她調情邊檢查那些數字。漢娜不確定自己對此作何感想，但認為這並非她現在最大的問題，因此先不管他。

漢娜留下卡麥隆繼續檢查訂單，在他仔細地追蹤每一行的同時，手指在她的電腦螢幕上比劃。她走近傑克，坐在他的電腦前：「那麼，這禮拜我們會把大宗訂單流程上線嗎？」

「可以，可以。在可用性測試之後，我正在修改幾個地方。」

漢娜喃喃低語：「至善者，善之敵。」（The Best Is The Enemy of The Good.）

「什麼嘛？」傑克咕噥著說。

「沒什麼，快上線。我會為上線派對買一些啤酒。」老牌的英國新堡啤酒（Newcastle）是他的最愛，雖然比較貴，但會使他感到開心，只要解決了訂單系統的問題，要什麼都可以。

「今晚我們在 Daily Bread 有品鑑會，」傑克猶豫地說道。

「你在跟我開玩笑吧？」

「抱歉，這件事幾個月前就定好了！」

漢娜的目光轉向了 OKR 海報。該死，業績過去幾週都沒增加。現在，OKR 的目標在催促她：「雇用三個銷售人員。」

她轉向傑克：「你有品鑑會，我也有 O 要達成。祝好運。」

她匆忙回到辦公桌處理招募工作。她再次停下來，想要決定什麼時候和傑克談談她從吉姆那裡得到的建議。但是也許他自己會變得更好？

很快地，這一季已經要結束了。

數字

漢娜再次請傑克進會議室來討論他們的 OKR。他們也再次要艾瑞克離開，即使他吹噓：「我把首頁的載入時間縮短了〇．五秒！」傑克這次叫他「滾」的時候很不客氣。

漢娜在桌子上鋪開了ＯＫＲ的列印文件，然後用紅筆圈出沒完成的任務。他們看著變得滿江紅的表格。

「業務團隊狀況如何？」傑克問。

「法蘭克很棒，但只有他一個人。我到季度中才讓徵才廣告上線。」她指著「五〇％的回購由客戶自動完成」的ＯＫＲ：「這個進度如何？」

「這個，妳知道的，我們上週推出了新的大宗訂單系統。」

「是的，我在某處有一些使用數據。」她把文件翻了翻：「好。嗯，到目前為止是一五％。」

「那是新的系統功能。我不想因為新功能有問題而惹惱任何顧客，所以我只告訴了幾家餐廳和一家供應商。」

漢娜長嘆一聲：「我想那樣做是對的，要是我們能早點推出就好了。」

她停了一下，整理好思緒之後說：「你拿到上週進行的滿意度調查結果了嗎？我們獲得的數據足夠判讀了嗎？」

傑克一邊咬著手指，一邊拿出一張彩色的調查表：「嗯，是的，我想回應已經足夠了，結果是……，我想我會說結果好壞差距很大。」

「所以，那個 KR 也沒完成？」

「沒有。」傑克看上去很懊惱，他很重視客戶體驗。

她拿出了銷售數字：「我一直在看這個。」她指著收入欄位：「很接近了，但還不夠。這裡有點上升，我本以為這個季度可以達成。」她指著這一季第二個月的業績數字：「但是，傑佛遜……」

失去傑佛遜這個客戶，讓他們很不安。他們繼續盯著 OKR。

「所以，」傑克說：「完成數是零？」

「是零。」漢娜說。「我們沒做到任何一項 OKR。」滿江紅的沉重壓力讓她感到精疲力盡和氣憤。她大聲喊道：「爛透了，我們為什麼連一個 OKR 都沒有完成？我的意思是，我知道我們應該讓 OKR 困難點，但實際上這就像是沒人試著努力去完成！」

「好像我不夠努力」，她腦子裡有一個聲音說道。

「好像傑克不夠努力」，另一個聲音說道。

「我們建立了新的品牌系統！」傑克回答說：「而且我們一直透過網站幫助餐廳。我們為他們改善了結帳流程。但是……」他的聲音變小了：「這些事情都不是我們同意要聚焦的事情。」他把手放在連帽衫的口袋裡，低頭看著他面前的文件。他們倆都知道，他做的事都跟OKR無關。

漢娜站在那，緊閉雙唇看著他。然後她大步走出會議室。她必須離開那個會議室，那裡只有一堆鳥事。

傑克追上她，低聲說：「妳不能就這樣離開。我們需要把會開完。」辦公室所有人都在。

「為什麼？很明顯我們搞砸了。」眼淚在她眼裡打轉，她想用憤怒掩蓋尷尬：「我媽媽總是說：『人在緊要關頭，總會回頭用自己過去成功的方法，即使現在看起來不是對的事。』」漢娜知道她和傑克都很害怕，這是他們第一次領導一家公司：「你聚焦於為老客戶設計系統和確保可用性。我自己出去銷售，而不是建立一支銷售團隊。」她的聲音提高了，有些激動：「現在我們沒有好的業績數字來證明我們值得投資。我不認為我們可以扭轉局面了。」

突然，她注意到辦公室變得安靜了。空氣中充滿了尷尬的恐懼，她朝前門走去，想逃出辦公室。

傑克的手機在口袋裡震動，他看了一眼螢幕：吉姆。

「漢娜，等等！」他大喊，然後接起電話：「吉姆。」他指向電話。

「傑克嗎？我是吉姆。你們能過來星巴克一下嗎？我正在這裡和一個朋友聊天，我認為你們應該見一面。」

「馬上過去！我們十五分鐘就到！」他輕快地說。

漢娜瞪大眼睛：「好，好極了！我還沒有準備好進行這次會談，我們沒有達成我們的OKR。」她的聲調再次提高。傑克的臉頰尷尬地泛紅了，但她沒有降低音量，她太生氣了：「我們要告訴他什麼？」

「OKR無效。我的意思是，這幾乎不是我們的錯，這是他的管理方式，我們試著去做了，它什麼也沒幫到。這只是另一個矽谷潮流而已。」

「傑克，你真的認為這是OKR的問題嗎？」漢娜質疑。

「我不知道，這個系統應該可以幫助我們變得很厲害。但它什麼都沒幫到。」

漢娜降低了她的聲音，她的怒火已轉為死寂：「一定是哪邊出了問題。」

她拿起車鑰匙和外套，大步走出去，傑克緊跟著她。辦公室裡所有人都看著公司兩位創辦人氣沖沖地出門。

漢娜與傑克會見新夥伴

開車去星巴克的路程很短，漢娜直到半路才意識到車上很安靜，她甚至沒有想到要聽音樂。傑克避開她的視線，凝視著窗外。

漢娜將她的本田喜美停入兩個休旅車之間的狹窄空間。傑克深吸一口氣，從副駕駛座滑了出來，他居然沒有像往常那樣抱怨巨大的美國汽車。

當他們走到後院時，看到吉姆坐在一位年約三十的黑髮男子對面。他很隨興地坐在椅子上，留著短髮、戴著深色飛行員太陽眼鏡、黑色 T 恤下露出了紋身。當他們走近時，看到了他的 T 恤是超時空奇俠（Dr. Who）的彩虹小馬版本，他的紋身圖案是 RSA-perl 的程式碼，全身上下都散發著極客的氣息。

漢娜想知道這是誰?另一位種子投資人?如果他們承認失敗,他肯定不會投資。

吉姆朝桌子旁的空座位揮手:「兩位好!我可能找到了你們的技術長。」

「不要有壓力喔,」這位A咖極客笑著說。

漢娜邊坐下邊想,這看來不是OKR的審查,她稍微鬆了口氣。

吉姆介紹了這位客人:「這位是拉斐爾(Raphael),他剛從SOS公司離職。」

「是那家遊戲公司嗎?」傑克問。

「是的,」拉斐爾說。

傑克說:「恭喜你們公司股票上市(IPO)。」

「還好。」拉斐爾笑了起來,感覺還有其他意思。

看到拉斐爾不善言辭,吉姆打了圓場說:「在那之前,他在一家被谷歌收購的新創公司工作。」

「那是人才收購。我原本在社群網路公司歐庫特(Orkut)工作,所以……」他聳了聳肩。

一家公司因為它的人才被別的公司收購,算是很體面的退場。而且之後就留任在歐庫特，算是谷歌在社群網路領域裡的第一家實驗公司，在這家公司工作不會沒有面子。

「那你怎麼不是在某個海灘度假？」傑克問。

「我還意猶未盡。遊戲產業很棒，我經歷過一些有趣的難題，但我還想接受更多的挑戰。」

漢娜看了看傑克。傑克坐得直挺挺，專心地聽著。

拉斐爾繼續說道：「我最近在研究高檔咖啡店提供的單品咖啡。這讓咖啡種植者可以用更好的價格直接賣給烘焙商。這正在改善咖啡種植國家的人民生活品質。我覺得其他市場也同樣能做到這件事！」

他停下來，拿起杯子喝了一口：「吉姆跟我說了你們公司在高品質茶葉市場的努力，我認為這可能可以改變很多人的生活。」

傑克開始擺脫低潮：「的確……我們不用低價購買茶葉，不用將好茶與壞茶混為一談，我們可以為每個人帶來優質的茶葉！」

拉斐爾晃著頭說：「為什麼這對你很重要？」

「我在意產品品質，」傑克說：「我受不了糟糕的東西。我媽媽喜歡便宜貨，只要一打折就買。我有二十條牛仔褲，卻沒有一條可以穿出門。但我有一條 Levi's 501 牛仔褲每天都穿。如果你體驗過製作精良、設計良好的產品，那麼你就會知道其中的差別了。我知道在茶這個產業也能這樣做。」

漢娜從來沒有想過，傑克居然是這樣一位完美主義者，她原本只是把它當作一種設計師的怪癖。現在她意識到他也有使命感，只是和自己的不一樣。也許如果能夠讓拉斐爾加入，她就會有一個理智的夥伴了。

她覺得也許可以透過分享自己的熱情，來讓他加入團隊。

她加入討論：「想想我們將改變生活的人們。例如，若松農場（Wakamatsu Farms）由加州的第一批日本移民創立，現在它已經成為一個文化遺產景點，他們最近重新開始生產茶葉。我們將能把他們的茶葉賣給餐廳，以幫助籌集復耕茶樹的資金。今天早上，我和一個夏威夷家庭農場的人聊天，他希望能夠將茶帶給更多的人。如果我們能夠成功，我們就能幫助很多人。」

「我就是這樣想的！」拉斐爾激動地用拳頭敲了桌子，使紙杯都震動了。「我們要提高這個產業的品質標準！我們要幫助這些企業主，讓他們可以挑戰業界的舊習，讓世界更美好。」

漢娜感到很興奮，但是……她也覺得自己在撒謊。要讓他加入公司，不可能不提到OKR的進展，而且吉姆也應該知道這個道理，與其等他問，不如自己主動提。

她將手滑到桌子下面，偷偷地擺弄戒指。

「在進一步談之前，我們應該跟你說一些事情，我們在上個季度設定了幾個重要的目標，但一個都沒有實現。」

傑克狠狠地瞪了她一眼，好像她剛剛出賣了他們。但她就是無法用假象把拉斐爾騙進來。

「我們設定了五個O，一個關於市場價值、一個關於提供交易平台、一個關於銷售，以及……」她遲疑了一下，想不起來其他兩個，她看向傑克，而他聳了聳肩。好吧，反正也無所謂了：「我們設定了困難的KR，但一項也沒有達成。」她屏住了呼吸，看了看大家，然後對拉斐爾說：「我知道這可能會讓你對加入我們有些猶豫。」

令他們驚訝的是，拉斐爾仍然愉悅地插話：「你們做錯了。」他說：「真的，我在前兩個工作中都用了OKR，它非常有用。你們有五個OKR？你們甚至都不記得全部，你們的團隊如何能記得呢？卡維爾（Carvil）是柯林頓（Clinton）競選活動的負責人，他很難阻止柯林頓像老學究一樣談他的政策。每次柯林頓上台時，都想大談他的教育政策、外交政策、能源政策等等。卡維爾說：『如果你一次說三件事，等於你什麼也沒說。』你知道，要簡明扼要。最後柯林頓就用『笨蛋！問題在於經濟。』這句話打贏了選戰。只需要專注於一個關鍵訊息，OKR也是如此。如果你們設定那麼多的O，那麼你的每週檢視會將會永無休止！」

「每週檢視會？」傑克問：「在TeaBee，我們儘量不要開會。」

拉斐爾搖了搖頭：「我知道，但你不能只有設定目標，然後就期望它會自己達成，你必須以團隊之力共同執行，這代表要有檢視會。就像我們在敏捷開發中所做的每日站立會議和每週計畫一樣。如果你有一個框架來指導每週的會議，這個會議才能發揮效用。」他抓起一張餐巾紙並將其展開在桌子上，摺痕將餐巾紙分成四個象限。

他從電腦包中找出簽字筆，並在右上角寫下「O」，接著是三個「KR」。然後，他在每個KR後面寫「五／十」。

「好，所以你了解到O是本季度的重心，對吧？而KR則是如果你做對了事，將會

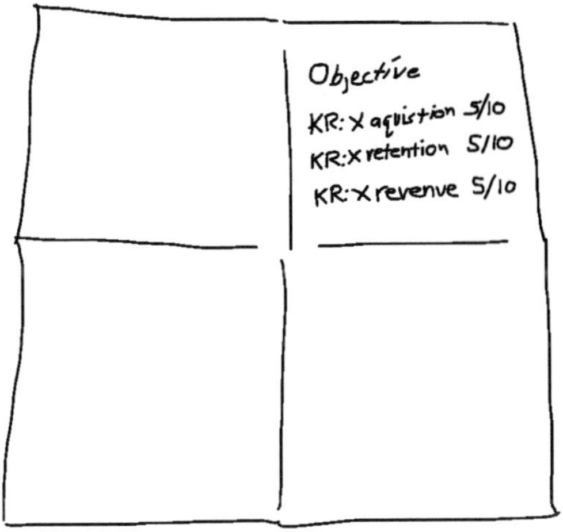

達成的成效。但是，這些目標設定很容易被忘記，因為每天都有很多事情發生。因此，每週一都要檢視它們，然後捫心自問，自己距離這些KR，是更近，還是更遠？

我們在SOS公司，使用了預估信心度的方法。我們將每個季度的KR一開始都設定在五/十的信心度。」

「五〇%的信心度？指做到的機會是一半一半嗎？」漢娜問。

「沒錯，目標不需要被區分為一般目標和延伸性目標（Stretch Goal），[2]它們全都是延

2. 譯註：延伸性目標（Stretch Goal）與一般具挑戰性的目標，主要差異為：延伸性目標必須是極度困難且極度創新。

伸性目標，而且必須是困難的。並非不可能的任務，只是很難達成。不可能完成的目標令人沮喪，但困難的目標可以鼓舞人心。」拉斐爾看了看大家。漢娜身體向前傾，傑克則往後靠，與剛才的姿勢相反。他繼續說：「所以每週，你們都要互相溝通，信心度是增加了還是減少了？如果從八／十降到二／十，你會想知道為什麼，發生了什麼變化？這有助於你了解情況並追蹤。」

傑克大聲說：「不可能啊，兄弟！我們有太多東西要追蹤，不能就這樣忽略其他事情啊。」

「我必須同意傑克的觀點，我們不能不管其他的事情。」漢娜同意。

拉斐爾搖了搖頭。他將筆移到右下角並寫下「健康指標」（Health Metric）。

「別急，在右下角這裡放置健康指標。這些是我們在力爭最高目標時也要確保的事項。」他指著這些OKR說。

漢娜和傑克互相看了一眼，想確認對方是否也感到困惑。拉斐爾深吸了一口氣。

「讓我解釋一下。假設我們選擇的O是關於全面的通路成長，我們正試圖讓更多的供應商和經銷商與我們合作，對嗎？」

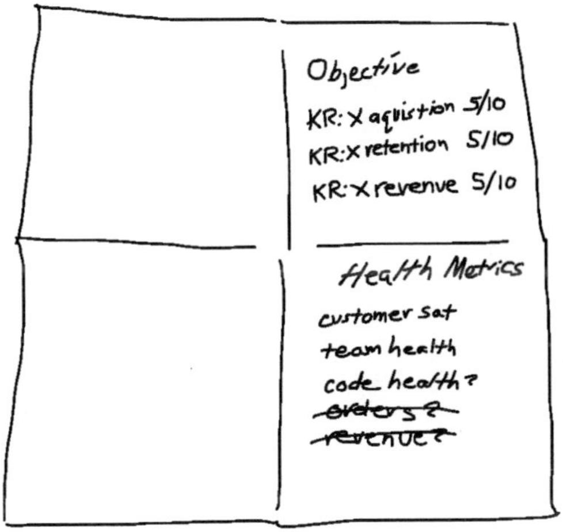

他們一致點頭。

「嗯，我們不會因為急於尋求新客戶，而忘記現有的客戶。所以我們也許可以這樣做。」

他在右下方寫：「客戶滿意度：綠色」，接著說：「這樣，我們每週就會討論客戶是否仍然滿意。很多事情都可以填在這裡。」

他寫下：「團隊健康狀態、程式健康度、訂單、營收」把這些都列入表中。「但就像OKR一樣，我們想要聚焦。因此，我們每週只會挑選幾個與全體公司成員討論，其他的就只要我們偶爾討論就可以了。」

「客戶滿意度是必須的。」傑克說：「程式健康度也是吧？我們不要糟糕的程式。」

「糟糕的程式很容易成為問題。」拉斐爾

同意。

「不，夥伴們。」漢娜插話：「程式就是程式，與其說我們是科技公司，我們更像是客戶關係型公司。讓我們實際一點。我喜歡圍繞在銷售上的O，但團隊的健康，或者更好的盈餘，似乎真的更重要。」

拉斐爾回答：「OKR是你們要推動的事，更是你**唯一**要聚焦持續精進的事情。至於健康指標則是一些你們要持續觀察的事項。兩者混為一談，並沒有多大意義。」

「那客戶滿意度跟團隊健康狀態不列入嗎？」傑克質疑：「我們不想讓同仁精疲力盡。」

漢娜回答：「我不介意大家多做點事情。」

「妳不需要大家做更多的事，妳需要大家做正確的事。」拉斐爾回答：「讓我們首先關注這一點。我們把客戶滿意度和團隊健康狀態先放上去，現在就設定好。所以現在右邊有我們設定的目標、要推動的工作、還有要確保的事項。」

然後他把麥克筆移到餐巾紙的左側，寫了三個「P1」，寫了兩個「P2」。

「在這裡，寫下本週要做的三到五個主要工作事項，那些可推動OKR的工作。你

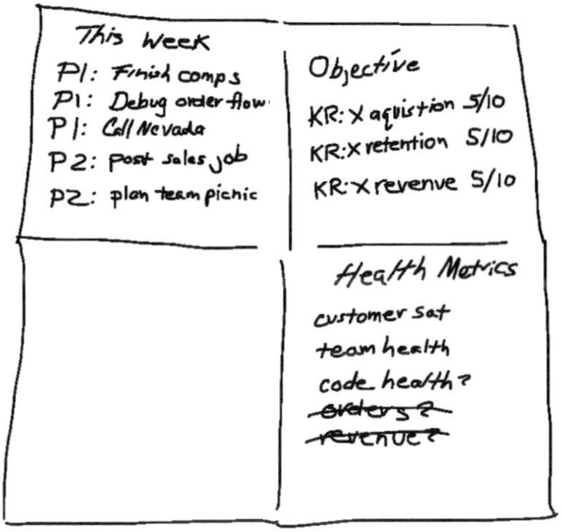

們可以和團隊分享這些，」他對漢娜點頭：「這樣妳才能檢視我們是否把時間花在可以使我們取得KR的事情上。」

「嘿，我每週做的事不只三件。」傑克抱怨道。

「這不是一場比誰工作最忙的比賽。」拉斐爾回答說：「你不用列出你所做的一切，只需列出必須做到的事情，否則你將無法實現O。工作裡有太多事要忙了，但成功的祕訣就是不要忘記真正重要的事。」

「對對對。那最後一格是什麼？」漢娜指著左下角問。她感到醍醐灌頂，茅塞頓開。

「我稱之為『提示區』。這裡是你預期下個月會發生的重要事情。如此一來，行銷、研

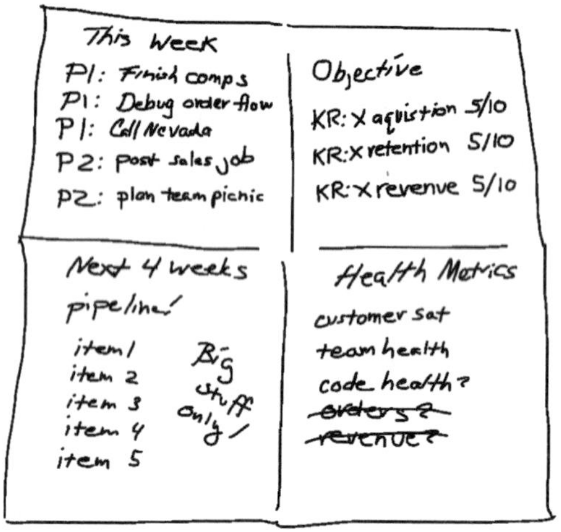

發、業務以及相關部門需要支援協同的時候，就不會措手不及。」

「因此，我們每週都要檢視一遍嗎？」漢娜問。

「是的。」

「我們每一點都要討論嗎？我可以召集那些做的事情和目標不直接相關的人來開會嗎？」

「那就看妳了。」

「我認為這套辦法可能有效。」漢娜若有所思，咬了咬下嘴唇。「我真的認為這可能行得通。」

他們計劃讓拉斐爾星期一加入公司，先暫代技術長，這樣他可以看公司是否符合他的期望，公司也可以測試他的能力是否勝任。但是漢娜覺得他一定沒問題，他是完美的技術長兼聯合創始人，她感覺不那麼孤獨了。

執行團隊

拉斐爾開始工作前的禮拜天，他和漢娜、傑克在帕羅奧圖咖啡廳（Palo Alto Café，PAC）見了面。在這麼早的時候，小咖啡廳裡幾乎沒什麼客人。當星巴克和菲爾茲（Philz）精品咖啡的門口排著通勤上班族時，PAC的第一批客人只坐了TeaBee團隊，還有一位父親看著他蹣跚學步的小孩在二手木桌底下爬來爬去。

漢娜和傑克是PAC的死忠顧客，它是鎮上少數重視茶品質的咖啡廳，也是TeaBee的第一個客戶。十點前咖啡廳通常都很安靜，接著會有家庭聚會、退休人士、作家們陸續進來消磨一整天。PAC是最後幾家沒有創業者與投資人相互推銷的咖啡廳之一。

新成立的執行團隊開始他們的計畫。

「我們要在團隊會議上介紹拉夫（Raph）嗎？」傑克問道，不經意地使用拉斐爾的暱稱。

「當然，我們在會議之前介紹他，」漢娜回答：「不然，他們會納悶這個人是誰。」

「是的，我看以前大家都是這麼做的。另外，你最好今晚發一封電子郵件公告一下。」拉斐爾補充道。

傑克皺著眉看著漢娜：「艾瑞克呢？」

她朝傑克揚了揚下巴：「直說吧。」

傑克咬了咬牙，然後把他們的心事說出來：「拉斐爾，團隊中有一個人，他……好吧，他一直在搞亂程式碼，故意混淆它，讓別人無法接手。」

「開除他！」拉斐爾回答。

「可是，我們認為……我的意思是……你是技術長，你可以先觀察一下，然後再解雇他。」

「不！你請他來的，當然由你來開除他，之後如果有任何問題，我來處理。」

「但是，你不會擔心嗎？」

「這個系統並不複雜，如果有必要，我可以全部重寫。俗話說，一顆老鼠屎壞了一鍋粥，你明天下班前就必須開除他，讓他走人。如果情況真的如你所說，一旦決定要他離開，絕不要讓他再接近他的電腦。」

漢娜望著傑克：「你是產品總監。」

傑克回看漢娜：「你是執行長！」

漢娜沒有馬上回話，她啜飲了一口美味的茶，想起了她的母親與外公外婆，也想到了天佐農場和其他茶葉製造商。

然後漢娜說：「對極了！他走定了！」她又停頓了一下，看著傑克說：「如果狀況還是沒有改變，下一個走的就是你！」

傑克不確定她是不是在開玩笑。

週一早上八點，拉斐爾來到公司，開始了他上班的第一天，漢娜正坐在辦公桌前打字，她舉手向他示意了一下，然後繼續打字。不久，她聞到咖啡味，不禁微微一笑，看來拉斐爾已經找到卡麥隆藏在冰箱裡的咖啡。

十點鐘，辦公室滿座，艾瑞克才大步流星地走進來。漢娜停止打字，心想：「好戲要上場了！」她朝坐在旁邊一張空辦公桌的拉斐爾點了點頭，兩人同時起身，漢娜陪同拉斐爾走向技術部，把他介紹給他的新團隊。

「我聞到的是咖啡味嗎？」艾瑞克語帶指責。

「並不是每個人的一天都能夠以茶開始的。」拉斐爾笑著說。

「我完全同意！」卡麥隆接話。

艾瑞克皺了皺眉，他的第一次攻擊沒有達到目的：「聽著，我知道你以前做過一些有名的電腦遊戲，但我得提醒你，賣茶葉看起來簡單，其實不然。我們有自己的訂單管理系統，要處理快速變動的供應量非常不容易，還好我寫了一個預測市場的演算法（Algorithm, Algo）來搞定。」

拉斐爾回答：「很高興聽到你這麼說。」

「你熟悉演算法設計嗎？」

「還可以，我在前兩家公司都是負責搜尋系統的。」

漢娜打斷了這場彷彿審問的對話，「艾瑞克，我能在開會之前先跟你在會議室談一下嗎？」她問道。

「嗯，只是我還有點事要做。」

「現在！」漢娜堅持。

艾瑞克聳聳肩，伸手要去拿筆記型電腦。

漢娜把手輕輕放在電腦上：「我們不需要電腦。」

艾瑞克帶著一副「隨便你啦」的表情翻了個白眼，跟著她走進會議室。

漢娜坐了下來，示意艾瑞克也坐下，艾瑞克則站著不動。

「艾瑞克，我們知道你在程式碼裡動了手腳，那種行為在這裡是不能接受的。」

艾瑞克把雙手插在牛仔褲口袋裡。漢娜靜靜等著，儘量忍住不說話，她暗暗在心中讀秒，不去打破沉默。他張嘴，欲言又止，似乎試圖尋找適當的字眼來回應。

「你們對公司做的事才讓人無法接受！」艾瑞克怒吼：「這已經不是我當初加入的公司了！」

漢娜正準備繼續她的話題，但在她開口前，艾瑞克發起第二波攻擊：「找個遊戲玩家來？是要幹嘛？為股票上市做準備？還是要進行下一輪融資？你們有真正關心茶農嗎？你們有真正關心人嗎？」

漢娜被他的話嚇了一大跳。他到底在說什麼？就算要把股份變現退場也還要很久，更別說是股票上市了。

「艾瑞克，聽著，我們都很清楚，我們找技術長已經有段時間了……」

「公司怎麼會變成這樣？除非我們回頭和餐廳繼續做生意，不然我就辭職。」

艾瑞克堅定地站著，猜想漢娜一定不敢跟他爭辯，並苦苦哀求他留下。

漢娜回瞪著他，打量眼前這個身高一百九十六公分、渾身菸臭、行為不端，而且有潛在危險的無政府主義者。等到艾瑞克氣焰高漲的姿態稍微放鬆一點，她立刻回答：「你可能沒弄清楚我的意思，艾瑞克，你被開除了！」

漢娜和艾瑞克步出會議室，傑克和拉斐爾正在外面等著他們。拉斐爾在艾瑞克開會時，已經把他的個人物品打包裝箱，艾瑞克一走過來，便遞給了他。

艾瑞克顯得有點驚訝：「嘿，我能把我工作電腦上的一些私人資料下載下來嗎？」

拉斐爾看著傑克，輕輕歪了一下頭。傑克咳了一聲，似乎想掩飾不安的情緒，接著說：「抱歉，因為你是在這種狀況下離開的，我們不能同意。」

艾瑞克逼近拉斐爾，俯身對這瘦小的西班牙裔男子放話：「你完蛋了！你懂的！」

「或許吧，」拉斐爾不在乎地聳聳肩：「新創公司嘛！風險都很大。」

艾瑞克遠遠望著他的筆記型電腦，目光中充滿留戀，步履蹣跚地走向門口。漢娜緊跟著他出去。

拉斐爾對傑克說：「我們得修改一下安全密碼。」

傑克呆站在那，想要讓眼前發生的一切沉澱下來：「哇賽！她做到了！」

「她是執行長，而艾瑞克正在危害公司。我們公司剛成立而且還不穩定，不能坐視這種事情發生。」

「我懂，我只是在想……」

拉斐爾從門口轉過身來，直視他的眼睛。

傑克接著說：「我想辭去總裁這個職位，我們不需要總裁，但我們需要產品總監，我真正關心的是確保我們有高品質的產品。」他停頓一下：「但這是 Teabee 需要的嗎？過去我花了太多時間做我們不需要的事情，卻沒有注意真正的問題。我不知道我能不能勝任產品總監、或產品副總裁、或者不管這職位叫什麼。」

拉斐爾向後坐在桌邊上，說道：「誰也沒辦法知道自己是否能勝任，所以有人說『演久成真』（Fake It Until You Make It）。兄弟，你以為我不喜歡一頭栽進記事本（Notepad）裡面寫程式就好了嗎？」他望著自己的鞋子看了一會兒，然後再盯著傑克的眼睛：「你只要假裝知道自己在做什麼，並專注在O上，相信OKR可以讓你不再陷入舊習慣，這就是我那麼喜歡OKR的原因。就算我有時候想溜回自己的舒適圈，OKR也會要我信守諾言，兄弟，我們都在演戲啊！」

傑克長長地舒了一口氣，知道他不是唯一覺得自己名不符實的人，感覺還不錯。

拉斐爾從桌上拿起一個釘書機，一邊把玩一邊說：「我們需要對彼此、對公司、對我們的目標做出承諾，接下來，就是拚命去執行。」帶著笑，他對著空中按了幾下釘書機。

傑克也笑了。

漢娜走回辦公室。

「還好吧？」傑克問。

「他走了。我們開始吧，我現在有心情做事了。」

他們進入會議室，全公司的人都在裡面等著。

會議開始，傑克先介紹拉斐爾：

「夥伴們，如果你們沒看到昨晚的電子郵件，這位是拉斐爾，他暫代我們的技術長，如果他覺得我們表現好的話，甚至會考慮正式加入。」只有直子和卡麥隆報以禮貌性的微笑，多數人仍然埋首於自己的筆記型電腦，就像在和機器人說話一樣。

漢娜站起來宣布：「夥伴們！除了拉斐爾的加入之外，我們還會做出其他改變。首先，請大家闔上你們的筆電，注意看我這邊。」然後她就等著。

除了雪柔，所有人都闔上了筆電，「我正在抓一個程式臭蟲……」雪柔舉起一根手指說。

「我想，等我們開完會，那隻臭蟲還在那裡不會飛走的。」

會議室裡一片沉寂，直到雪柔闔上筆電。

漢娜從上一季度的 OKR 開始討論。

「大部分的夥伴都沒有達成自己上一季度的 OKR……」

突然像炸鍋了似的，各種藉口紛紛出爐。

「我們的網站效能有點問題！」雪柔率先發言。

「我們忙著處理錯誤訂單，以及延遲出貨到洛斯加托斯（Los Gatos）的問題。」卡麥隆緊緊跟上。

「我認為我們的行銷有問題。」安雅表態。

「我們一直都沒招到第二個銷售人員。」直子補充。

「沒關係，」漢娜打斷大家，會議室立刻安靜下來。

「我的意思是，不是沒關係，而是……這在意料之中，我請教了很多專家，」她向拉斐爾點了點頭：「似乎很多公司剛開始嘗試 OKR 時都會失敗，也許我們還要再一季度才能成功執行 OKR。」

雪柔提問：「我們有時間耗在這上面嗎？我們規模太小了，不適合做這種大公司才做的事，對吧？」

漢娜早有準備：「谷歌成立一年就開始施行 OKR 了，這套方法對他們很管用，很多小公司因為使用 OKR 發展成了大公司。夥伴們，我們或許沒有達成 OKR，但是我

們要感謝OKR指出我們在聚焦上的問題。」

一片沉默，漢娜繼續：「所以這一季度我們在作法上要有些改變。首先，我們只會有一個公司層級的OKR，我們需要聚焦在一件決定生死存亡的事，那就是我們和供應商的關係。」

她環顧整個會議室，幾乎所有人都是一臉茫然，只有拉斐爾面帶燦爛笑容，鼓勵她繼續。

「其次，我們會根據公司的目標為每個部門訂定相關的OKR；第三，我們會給每個KR設定一個預估信心度，每個KR都應該是5/10的信心可以達成。我們所有的目標將會是延伸性目標。最重要的是，我們將每週開會檢視OKR的達成狀況，以及我們為達成ＯＫＲ所做的各項工作。」

大家的反應還是有點冷。少數人——例如雪柔和卡麥隆在座位上身體前傾——緊跟著漢娜的節奏。

「我們有一個新表格，要在每週進度會議上使用，大家來分享工作優先順序與信心度的變化。這不是成績單，而是讓我們互相幫忙來達成目標，並維持正軌的方式。」

她在白板上畫了一個四方陣表。

「從現在開始，我們都要使用這個表格。你們每週更新所花的時間應該不會超過十分鐘。當然，第一次建立表格可能會需要久一點，但之後都只要花點時間編輯就好。」

「在右上角，我們將列出我們的ＯＫＲ，然後再列出實際可以達到的信心度，我們拿公司上一季度的目標為例。」

她寫下：

Ｏ：在餐廳供應商面前，建立優質茶葉供應商清晰的價值形象

ＫＲ：回購率八五％（五／十）

KR：主動回購率二〇%（五／十）

KR：營業額二五萬美元（五／十）

然後她繼續說道：「有沒有注意到我設定的預估信心度都是5/10？因為我希望這些KR雖然大膽，但並非無法實現。如果三個裡面能完成兩個，我會為大家感到驕傲。我負責每週更新公司的信心度、拉斐爾負責技術部門、傑克負責產品與設計部門、法蘭克負責業務部門、直子負責財務部門。」

「大家可以隨時問我，為什麼每週我的信心度會上下起伏變動，這是一份用來討論的文件。」

傑克走上前站在白板的左側。

「在表格的左上方，我們將列出本週為達到O最重要的三件事，接著標上它們的優先程度，P1是必須做的，P2是應該做的，不夠重要的就別列，最多不超過四項。記住：聚焦！」

他寫下：

P1：與 TLM Foods 簽訂合約

P1：撰寫新訂單流程規格

P1：面試三位優秀的業務人選

P2：建立客服的職務描述

他說：「如果你認為團隊可能希望了解你正在執行的某些任務，或許會想要偶爾添加一項 P2；但是，這個表的目的不是要告訴大家每一件小事，而是大事，那些其他人可以幫上忙的事情，或至少是他們應該注意的事。我們知道你們很努力工作，我們只是要確保做了正確的事。」

然後他開始填寫左下角：

「這裡列出你下一步計畫要做最重要的事情，重點是為了讓我們能夠協調一致，譬如我們需要購買伺服器或準備好行銷活動等等。列出未來四週左右將要發生的重大事件。」

最後，漢娜指向右下角：「這裡是我們的健康指標。我們要努力地帶著團隊往前衝，因此要確定每個人都沒有問題，不要有人精疲力盡、也不要有人坐冷板凳。大家覺得我們第二項健康指標應該是什麼？」

一場熱烈的討論隨即展開，大家紛紛提出他們認為應該被追蹤的事情，例如系統穩定度和客戶滿意度等，最後他們一致同意餐廳供應商的滿意度最重要，可以使每個人都聚焦在新客戶上。

「我們把它們標成紅色、黃色或綠色。我知道這樣有點不夠精確，但我們想先對自己的表現有個直觀的看法，然後討論解決方案。例如，就客戶滿意度而言，紅色表示我們正在失去客戶，黃色表示我們即將失去客戶。」她停了一下，覺得有點緊張，不知道接下來的討論會走到什麼方向：「我們現在該標示什麼顏色？」漢娜問。

「黃色，」卡麥隆說。傑克與漢娜轉頭看著這位一向很隨和的工程師。「嗯，好吧，你們在外面跑業務的時候，都是我在接電話。雪柔不喜歡接電話，艾瑞克老是戴著耳機，一直**戴著**。供應商經常問我一堆網站操作的問題，我想他們並不喜歡我們的網站。」

傑克懊惱地做個鬼臉，他應該是最關心網站用戶體驗的人：「我知道啦，我們這一季度會解決。」

「團隊健康狀態是紅色？」傑克試探性地問：「因為公司人事異動？」

「黃色，」雪柔反駁：「艾瑞克沒有他自以為的那麼重要，我們再看看新人的表現吧！」她笑著說。大家發現她在開玩笑的時候，也跟著笑了。

漢娜終於鬆了一口氣，如果連平常沉默寡言的雪柔都開起玩笑來，或許他們成功的機會很大：「好了，夥伴們，現在我們來設定這一季度的OKR。」

卡麥隆皺了皺眉：「不是妳要設定好再給我們嗎？就像上一季度一樣？」

「不是，」漢娜回答：「我先問你一個白癡問題好了，我們要換掉這張會議桌嗎？」

「當然不要！」卡麥隆說。

「為什麼不要？」漢娜追問：「這張桌子不穩，而且如果我們再找兩個業務進來，我們就坐不下了。」

「我們不能丟掉它！我還記得我們剛搬進這個辦公室的時候，傑克和我花了三個小時才搞懂安裝說明書然後把它組裝好。」

「對極了！我們很重視團隊共同努力的成果：我們一起設定O、我們一起選定

KR，然後大家同心協力完成。這是我們的公司，成敗與共！」

接著，大家開始討論新的OKR並排列優先順序。

漢娜，一個月後的星期五

「成果分享！」拉斐爾大喊。他底下的工程師們起來把筆記型電腦連接到大螢幕電視上，並且把椅子拉到周圍。

「每個人都過來！」他再度大喊：「快啊！業務部的！」他還沒記住每個人的名字。

「漢娜，放下手頭的報表，過來加入我們！有啤酒呢！」

漢娜根本忘了今天是「成果分享日」，拉斐爾之前提醒過她，星期五下午四點左右，他要「接管」辦公室，他預計展示工程師這週完成的工作。她伸了個懶腰，對著想做而沒法繼續的工作嘆了口氣，慢慢踱到大家後面。以往的週五，都是員工們陸續靦腆地離開，創辦人卻要加班到很晚，每個星期彷彿都是以啜泣而不是歡呼來結束。今天會有什麼不同嗎？

工程師們分享了他們撰寫的程式，展示了新開發餐廳供應商介面的片段。就連沉

默寡言的雪柔都分享了她重新構建的資料庫，可以連接供應商續訂系統的應用程式介面（API）。漢娜鬆了一口氣，公司終於朝著他們真正的O前進！

當漢娜以為分享要結束的時候，傑克跳了出來，他示意安雅把電腦接上大螢幕：「我們有一些關於餐廳供應商資訊頁面設計的新方向想要分享。」

漢娜興奮地看著他們的模擬分享，朝著他們共同的O更進一步！此外，她一直不知道傑克與安雅整天都在忙什麼，看到各個不同完成階段的設計，她也體會到設計工作的複雜性。事實上，她對這兩個部門現在都放心多了，使她更好奇其他部門整天在幹嘛。

當大家討論完新設計後，漢娜走到團隊前面。

「夥伴們，太棒了！我知道我們一定還有更多可以分享的。法蘭克，有訂單嗎？」

「嗯，我準備跟一家叫 Tasteco 的小公司簽約。」

漢娜一反常態地爆出大笑：「哇賽！我盯他們很久了！我們總算打入中西部市場啦，恭喜！」

傑克突然插話：「嗯，漢娜，最近妳都在忙什麼？」

漢娜搖了搖頭，只有傑克敢這樣讓她當場難堪。

「我找了一位兼職的客服人員，名叫卡蘿・朗格林（Carol Lundgren），她曾經創建 E-Pen 公司的客服團隊。因為她有一個在讀幼稚園的小孩，所以希望找一個可以彈性上班的工作，我們也才有機會把她挖過來！」大家不由自主地報以熱烈掌聲。

Teabee 團隊的會議繼續進行，大家一邊喝著啤酒一邊分享這禮拜的故事。看到團隊驚人的進展，漢娜真是開心極了。更重要的是，會議室內的氣氛已經改變了，很難相信一個月前他們還悶悶不樂，甚至覺得自己一無是處。

傑克走到漢娜的座位旁，坐在她身邊，近到那種可以說悄悄話而不會被人偷聽到的距離。

「我提早結束了安雅的合約，今天是她最後一天上班。」

「什麼？她的模擬演示看起來很棒啊！」

「是不錯，可是，之後如果設計需要任何修改，我可以接手，而她主要的工作內容並非P1，對OKR沒有幫助。」

漢娜看著漂動在她杯底的山東龍霧茶葉，覺得自己好像看到一個小小絞刑架，不禁皺起眉頭。

「嘿，別擔心！設計師在矽谷算是奇貨可居，她已經找到另一份工作了。如果我們不聚焦於維持公司的營運，她就不是唯一要去找工作的人了。」

漢娜莞爾一笑：「你跟我想的一樣。」

團隊把每週五的慶功會變成他們工作節奏的一部分：每個週一，他們一起規劃、互相承諾，他們進行所有年輕公司必須面對的艱難對話；每個週五，他們一起慶祝。有幾次，當他們覺得自己不可能達成OKR，週五的「成功分享會」（Wins Session）（他們特

別取的名字）發揮了難以置信的激勵作用，給予每個人繼續嘗試的希望。每個人都想要和大家分享成功，因而會在這週內卯起來追尋成功的方法，大家開始覺得他們就是個神奇團隊！

從此過著幸福快樂的日子？

三個月之後，團隊有了一場異於以往的檢視會，他們完成了每一個KR，整個團隊都歡欣鼓舞、興奮地你一言我一語。

拉斐爾當頭潑下冷水：「嘿，夥伴們，這樣並不夠好，我們是在保留實力（Sandbagging）嗎？」

「保留實力？」傑克問。

「你懂的，設定我們知道自己一定能夠達到

的目標，到時候就可以自得其樂；而不是設定真正的延伸性目標。」

房間裡一片寂靜。漢娜咬緊牙關，她默默地準備克服難以避免的士氣低落。

傑克再度發言：「好吧，那麼，這次我們必須要設定狠一點的目標。我看過你們週五的成果分享，我們可以『必殺』！」聽到他們平常酷酷的英國佬居然說起了矽谷俚語，大家忍不住笑了起來。每個人都全力以赴，設下了迄今為止最艱難的目標。

六個月後

下一季度，團隊再次聚集回顧他們當季的目標。正如漢娜當初所料，會議桌已經不夠整個團隊坐了。卡蘿和她的客服部坐在業務部後面靠牆的椅子上。敏蒂（Mindy），客服部新進員工，毫不避諱地與業務法蘭克打情罵俏，但漢娜不以為意。雖然這次他們只達到了公司的兩個 KR，但它們卻是漢娜起先懷疑能否完成的最重要兩個。

當傑克帶領團隊設定下一季度的目標時，他幾乎要跳起踢踏舞來了。不僅現在所有的回購訂單都是供應商透過網站完成，而且 Teabee 還首次從網站獲得了一個新的潛在客戶。

同時，拉斐爾飛到阿根廷聯繫當地茶農，現在他們有了小型的瑪黛茶（Yerba Mate）茶農可以提供草本茶讓供應商訂購。他們新上任的行銷總監莎拉（Sarah）擬訂了行動計畫，要來創造一股瑪黛茶熱潮。

並非所有事情都值得慶祝。由於困難的問題都已經解決，工程師雪柔覺得工作有點無聊，於是辭職，公司給了她很體面的離職條件。而在每週五的慶功會和拉斐爾不眠不休地對公司 O 的耳提面命之下，技術團隊不斷茁壯成長，Teabee 已經成為工作的理想園地，並逐漸成為世界茶農們的優質平台。

一年後

漢娜坐在她的辦公桌前盯著電子郵件，成功了！他們剛完成 A 輪融資、獲得資金！至少一整年的營運都不成問題了！她在椅子上轉來轉去，尋找她的夥伴們。傑克和拉斐爾彎腰坐在電腦螢幕前，拉斐爾用手指著螢幕上的某個東西。「別弄髒了！」傑克大喊，兩人會心一笑。

漢娜舒了一口氣，現在一切都容易多了。每個星期，他們分享自己的目標；每個星期，他們互相激勵、彼此支援；每個星期，業績都在上升。她看著夥伴們針對新客戶儀表板（Dashboard）來回討論，自在地交換意見，即使有分歧也更容易解決了。

漢娜往後靠坐在椅子上，雙手捧著她剛沏好的龍井茶，覺得或許應該先保密。明天就是每週五的成功分享會，有這麼值得炫耀的好消息一定會很棒。

實踐家的寓言故事：總結

為何我們無法把事情做好？

每個人都有一些想做的事情，也許是去一趟泰國心靈之旅或回學校進修。然而年復一年，為何目標始終還是目標，無法實現呢？

想像一下，如果你是公司的執行長，想要對公司有所貢獻。不論是進入一個新市場、或弄清楚執行技術、或是提升某個弱勢領域（如設計或客戶服務）的能力等。即便是在最成功的公司，已經確認必須執行的目標，也常常未見落實。

為何會如此呢？如果它是很重要的事，為什麼沒有被實現呢？有以下五個原因：

一、沒有針對目標列出優先順序

有句英文諺語：「如果每一件事都很重要，那就表示沒有一件事是重要的。」（If everything is important, nothing is important.）我們常常會有許多難以割捨的目標，看起來同等重要。儘管這些目標**感覺上**同等重要，但如果我要你把這些目標堆疊排序（Stack Rank）[3]而不是從中任選，你可能就有辦法分辨孰重孰輕。一旦你排好優先順序，然後逐一完成，那麼成功的機率將大得多。

公司也有類似情況，但結果會更糟。一旦公司員工人數眾多，就會很容易認為可以同時向很多目標推進。但現實是，一家公司的營運需要每個人全力以赴。員工們每天都忙進忙出維持公司正常營運，包括處理訂單、維護客戶、關注設備運作。若再加上太多目標互相干擾，除了維持住基本營運外，能夠保證落實的目標少之又少。

藉由設定單一的O，並以三個KR指標來衡量，你可以非常聚焦地完成最重要的目標，而不會因日常的瑣事而分心。

二、沒有針對目標廣泛及持續地溝通

「你要說到唇焦舌敝，人們才會開始聆聽。」

——領英（LinkedIn）執行長傑夫・韋納（Jeff Weiner）[4]

一旦你選定了團隊要聚焦的目標，就必須每天不斷地重申。但是，光是談論它還不夠，你必須將醒目的提示置入公司日常運作的方方面面。目標的進展必須在每次進度會議及每週進度報告郵件中明確標示，專案成效也必須以是否達成目標來評估。訂立一個目標卻不去持續追蹤，很容易就會失敗。

在每週一的承諾會議上、每週進度報告郵件裡以及每週五的慶功會中，不斷地重申目標，確認團隊的目標深植在每個人的心中，並和團隊所有的活動緊密結合。

三、沒有為目標訂定計畫

一旦我們知道必須實現某件事情，單憑意志力就夠了，「做就對了」（Just Do It），

---

3. 譯註：「堆疊排序」源自於電腦資料庫排序處理技術，後被應用到專案管理、人力資源管理等方面。「堆疊排序」有時亦被譯為「堆棧排序」或「強制排序」，其重點在於賦予每個待處理的項目（Item）單一的優先順序，形成不重複的線性表（Linear List）。

「堆疊排序」在專案管理上的排序方式舉例如下：

①將所有項目列表，團隊成員針對每個項目排序；

②再將每個項目的排序加總；

③最後，依加總的數字重新排列，得到不重複的排序。

如上述③產生相同的排序，則重新自①開始，規則應事先議定。

4. 譯註：傑夫·韋納擔任領英執行長達十一年，於二〇二〇年六月卸任，轉任執行董事長。

對嗎？錯！

當人們想要減重，找全球知名體重管理品牌慧優體（Weight Watchers）要比意志力有效；當人們想要健身，找個人教練比意志力有效。那是因為意志力是有限的資源。這點從羅伊．鮑邁斯特（Roy Baumeister）教授在一九九八年所做的研究中得到證實。此研究進行了一個著名的實驗，讓兩組人來解無解的數學題，並在面前同時擺放一碗蘿蔔與巧克力餅乾。一組人被禁止吃蘿蔔，另一組人則被禁止吃巧克力餅乾。實驗結果，前者堅持解題所持續的時間是後者的兩倍（看來跳過蘿蔔不吃並不會消耗多少意志力）。在熬過漫長的一天之後，沒有辭職不幹、沒有幹掉同事、也沒有針對來回多次的電子郵件直接按下「回覆所有人」，這時再也沒有意志力可以拒絕一塊蛋糕。

你需要一套流程來幫助你有條不紊地做事，即使在你感到倦怠的時候，依然能讓你保持在正確的軌道上。就算你已經感到厭煩，這套流程仍會提醒你該做什麼事。最早的OKR系統只是一個方法用來設定明智的延伸性目標。但即便此刻你更想吃一塊餅乾，環繞在這套系統周圍的流程——承諾、慶功、檢視——將確保你持續朝著目標邁進。

四、沒有把時間花在重要的事情上

「重要的事通常不急，急的事通常不重要。」

——美國第三十四任總統德懷特·艾森豪（Dwight Eisenhower）

「艾森豪矩陣」（又稱為「重要—緊急決策矩陣」）是非常受歡迎的時間管理工具，多數人都把注意力放在右下方塊，也就是不要做「既不重要也不緊急的事」。但有多少人真正嚴肅看待左上方塊，把「重要且緊急的事」安排妥當？人們因為時間壓力，無論重不重要，總是選擇先做緊急的事。除非我們把壓力轉移到重要的事情上，否則重要的事永遠被留到明天。因為我們活在今天，留到明天的事永遠也做不了，所以必須空出時間來做真正重要的事。

沒有什麼比明確的期限更加讓人振奮的了，藉由每週一承諾本週將達標的進度，確保你將對 O 的推進負責。

五、沒有再三嘗試就輕易放棄

「幸福的家庭都相似，不幸的家庭各有各的不幸。」

——俄國文豪托爾斯泰（Leo Tolstoy）

當我協助客戶導入OKR時，都會提醒他們：第一次通常會失敗。他們真的都失敗了，而且每個失敗的方式都各自不同。

也許公司有許多保留實力的人（Sandbaggers），在第一次實施OKR時，所有的KR都達成了，因為他們不敢設定困難的目標，這是一家害怕失敗，也不了解延伸性目標到底是什麼的公司。因此在下一個階段，就必須督促自己調高目標。

另一家公司可能剛好相反，由於大家一直過度承諾卻又經常做不到，以至於沒有人達成他們設定的KR。這是一家自欺欺人的公司，他們必須了解自己的真正實力為何。

最常見的失敗是沒有堅持跟進OKR。我看過許多公司在季初訂了OKR，但接下來的日子就全忘了這回事，直到本季度最後一週來臨，才驚覺沒有任何的進度。

然而，成功的公司都有相同的特徵：失敗之後，他們會再接再厲，他們願意記取教訓，並調整步伐。成功的唯一希望是持續嘗試，這不代表盲目地重複做相同之事。相反地，你必須密切追蹤什麼是可行的，什麼是不可行的；複製可行的方法，避開不可行的路徑。成功之道在於不斷地學習。

成功之路

要達成你的目標不是一件複雜的事，只是要投入很多的努力。這就如同「少吃多動」般的困難，必須有紀律且加以練習。

- 選出一個最重要的目標，而不是貪婪地、不切實際地想要同時做所有的事情。
- 闡明概念化的目標：它看起來像什麼？什麼時候完成？你究竟想要什麼？
- 不斷陳述清晰且具概念性的目標，直到每個人都理解並追求它為止。
- 分配時間來完成目標，而不是無止盡地期待永遠不會到來的明天。
- 訂定一個計畫，即使在你感到疲倦和沮喪時，依舊能夠讓你向前邁進。

• 為失敗做好準備，隨時充電，再試一次。

無論你是極小型的新創公司，還是存在於大型組織中的團隊，本書的第二部分專門介紹運用OKR的核心概念；第三部分則著重於核心流程的導入、例外和變化。

我們因為渴望而展開逐夢之旅，但唯有依靠聚焦、計畫及學習，我們才能到達夢想的彼岸。

第二部
終極聚焦工作法的基本

這一部分將會談論OKR方法的關鍵概念。

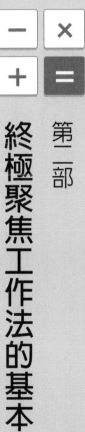

01 為什麼OKR很重要？

儘管OKR現在已經被世界各地的公司所採用，但當我二〇一一年在星佳（Zynga）首次接觸到OKR時，情況並非如此。當時，星佳是一家新創公司，試圖透過電玩來連結人們並改變世界。我只能說說我在星佳工作那段時間的情況，當時，它是矽谷成長最快的公司之一，像任何公司一樣，它也有自己的問題和障礙，但我可以很清晰地回憶起星佳在實現目標這方面的優異表現，以及它如何讓組織不斷變得更聰明。OKR使星佳可以將內部許多獨立的「工作室團隊」（Studios）[1]聚焦在對公司整體而言是真正重要的事情上，同時賦權給那些工作室團隊，使其能夠在如何實現策略上做出自己的選擇。個別團隊擁有的資訊不僅豐富了公司，更推動了空前的成長。

星佳是如何找到ＯＫＲ的呢？ＯＫＲ最終演化出的框架，來自英特爾的傳奇執行長安迪・葛洛夫導入了彼得・杜拉克（Peter Drucker）的「目標管理」系統。約翰・杜爾（John Doerr）是英特爾前高階主管，現為凱鵬華盈（Kleiner Perkins）這家創投公司的合夥人，他向他所有投資的新創公司宣傳ＯＫＲ，包括谷歌和星佳。這兩家公司都擁抱了這套系統，並用它來統整和激勵公司。還有更多公司採用了ＯＫＲ，例如領英（在我離開之後就採用了ＯＫＲ）和培訓公司ＧＡ（General Assembly，我於二〇一三年授課的地方）。ＯＫＲ一直是有效的成長加速器。在過去的六年中，我在職業上和個人生活中都使用了ＯＫＲ，並取得了很棒的結果。當我辭掉星佳的工作時，已是身心俱疲。現在，我不但成了暢銷書作家，還得到我夢想中的工作，在史丹佛大學的電腦科學系任教。不論是個人或公司，ＯＫＲ都派得上用場。

當我剛辭掉星佳的工作時，我轉而輔導新創公司。我一次又一次地發現新創公司總

1. 作者註：星佳的工作室團隊（Studios）是一個小型、獨立的團隊，致力於開發和改進電玩。它的員工數通常不超過五十名，並且像一家新創公司一樣運作，僅在交叉推廣和ＩＴ等事務上依賴母公司。

是苦苦掙扎於無法聚焦的致命缺陷，即使是已經達到產品市場契合的新創公司，也苦於如何讓所有員工一同朝著公司的願景邁進。所有新創公司都在跟資金即將燒完的滴答時鐘賽跑，他們必須趕在開始發不出薪水之前，交出能獲得創投青睞並願意注資的成績單。我如何才能幫助這些新創公司聚焦於真正重要的事？我想你已經知道了。

OKR是什麼？

OKR代表**目標**（O）與**關鍵成果**（KR）。OKR的形式已經或多或少地標準化了。O是定性的，KR（通常設定三個）則是定量的。OKR是用來讓團隊或個人聚焦在一個大膽的目標上。O設定的是一段時間內要達成的目標，通常是一個季度；KR則用來判斷O是否已在設定的時間內達成。

OKR是一種目標設定和實現的方法。它並非一個複雜的系統，但對公司而言可能積習難改。當你初次採用OKR時，要準備好發掘出公司的強項和弱項，然後改正你的錯誤步驟，不斷地嘗試。

在本書中，當提及一個特定團隊的 O 和 KR 時，我談論的是一組 OKR。當我們談的是方法時，我提的 OKR 將包括設定目標、每週進度檢視，以及在設定時間結束時進行評分（通常每季度一次）。

如何寫出好的 O

你的 O 是包含下列特質的一句話：

- **定性且激勵人心**

O 的作用是要讓人一大早就迫不及待地從床上興奮地跳起來。儘管執行長和創投或許要看到超過百分之三的轉化率成長，才會一早開心地從床上跳起來，而大多數的普通人只要覺得事情做起來有意義也有進展就很高興。使用你團隊的語言。如果他們想要使用通俗的大白話，如「擊敗它」（Pwn It）[2]或「宰了它」，那就用這些字眼。如果他們常說「喜悅」和「轉型」，那就是該團隊的語言。

● **有期限**

你剛採用 OKR 的前一、兩次，不是排了過多工作就是過少工作，這很正常。但是透過練習，你將學會掌控目標的規模。草創階段的新創公司很少會設年度的 O（有一些例外，如生技業、銀行業和醫藥業），通常只會設季度的 OKR。較大型的公司需要設年度和季度的 OKR。比如「將我們的世界級產品推向全世界」和「將我們的世界級產品推向加拿大」之類的例子，說明了掌控規模的難度。我們真的可以在三個月內將產品帶到整個加拿大嗎？還是可以將其帶到卑詩省？也許只是帶到溫哥華？你只需要做出最好的猜測，至於你是高估或者低估，三個月後就會知曉。

● **可由團隊獨立執行**

這對新創公司來說比較不是問題，但對大公司而言，往往因為各團隊間相互依賴，反而比較難實行 OKR。你的 O 必須真的是「你的」目標，你不能有「行銷部沒做好行銷」這樣的藉口。這代表有些團隊並沒有自己的 OKR，反而用公司或專案團隊的 OKR 來決定他們支援別人工作的優先順序。

O 有如使命宣言，只是適用較短期的時間。我是這樣認為的：使命是五年期的 O，而 O 是三個月期的使命。一個偉大的 O 能夠激勵團隊，要在設定的時間內達成有難度（並非不可能），並且可以由設定它的個人或團隊獨立達成。

以下是幾個優良 O 的範例：

- 拿下南灣區的直銷咖啡零售市場
- 推出一個令產品經理滿意的超棒「最簡可行產品」（Minimum Viable Product, MVP）
- 改變帕羅奧圖地區的優惠券使用習慣

以下是幾個較差 O 的範例：

2. 譯註：「pwn」這個詞在網路遊戲文化中，主要用於嘲笑競爭對手在整個遊戲對戰中已經完全被擊敗，例如：You just got pwned! 在駭客行話裡，「pwn」在這一方面的意思是「攻破」或是「控制」，它與駭客入侵與破解是相同意思的。例如某一個外部團體已經取得未經官方許可的系統管理員控制權限，並利用這個權限駭入（owned 或 pwned）這個系統。

- 銷售額提升三〇％
- 用戶數增加一倍
- 銷售額三百萬美金

為什麼以上幾個被列為不好的O？因為它們更適合當KR！

如何設定KR

KR採用了能鼓舞人心的語言並將其量化。你可以藉由問一個簡單的問題來設定KR：「要如何才能知道我們達成了O？」這樣可以協助你明確定義「超棒的」、「宰了它」或「擊敗它」的含意。通常，你會有三個KR，但我曾看過多達五個或少至一個KR。KR可以建立於任何可衡量的事物上，包含：

- 用戶成長

- 用戶參與度（Engagement）[3]
- 營收
- 績效
- 用戶忠誠度

明智地選擇你的ＫＲ，包含可以彼此監督的因素，才能平衡諸如：成長和績效、營收和品質等面向。

舉例來說，「推出一個超棒的最簡可行產品」可以設定下列ＫＲ：

- 四〇%的用戶在一週內回訪兩次

3. 譯註：用戶參與度：這個指標指的是用戶在網站或手機應用程式上的互動程度或參與度，可以由多個指標組合而成。比如一個網站有很多互動行為，包括下載檔案、觀看影片、諮詢等，那麼會根據每個互動的重要程度給每個互動行為賦值，用戶每完成一個互動即賦予相應的數值，這樣可以判斷不同類別用戶的互動程度以及不同頁面的交互差異。

- 用戶推薦分數（Recommendation Score）為八分
- 一五%的電子報開信率

如果你以前從未使用過這些指標，相信我，這並不容易。如果你對於想要衡量的指標真的不知道基準為何，先用猜的即可。到本季度末，你將變得更有概念。

設置 KR 的基本要領

首先，查看你設的 O，例如：「客戶喜愛我們，他們是我們的銷售團隊。」接著問：「如果客戶是我們的銷售團隊，那麼有哪些數字會增減呢？」我經常看著 O，看看是否有可以量化的字句。在上面字句中的「喜愛」可以變成淨推薦值（NPS），[4]「銷售」可以變成推薦人數。兩者都是可衡量的結果。

KR：淨推薦值大於七

KR：轉介人數（Referrals）增加二五%

KR：「你是從何處知道我們的？」調查結果：「朋友和家人」上升二〇%

使用OKR可以幫助你將團隊從產出思維轉變為結果思維。這可能需要多次嘗試，一旦聚焦於結果，你就會更加成功。

我喜歡使用一種稱為「自由列舉」（Freelisting）[5]的方法來發展出KR。自由列

4. 作者註：淨推薦值（Net Promoter Score, NPS）是一種管理工具，可用於評估組織的客戶忠誠度。我並不特別喜歡這種衡量客戶滿意度的方法，但因為它被廣泛採用，我還是以它為例。很多人認為這是一個很差的指標，因此，我建議如果你正在尋找優質的指標，請多多參考比較。https://hbr.org/2019/10/where-net-promoter-score-goes-wrong

5. 作者註：自由列舉是指針對一個主題，盡可能地寫下多個想法。一個想法寫在一張便利貼上，以便可以重新排列、捨棄和以其他方式處理產生的點子。

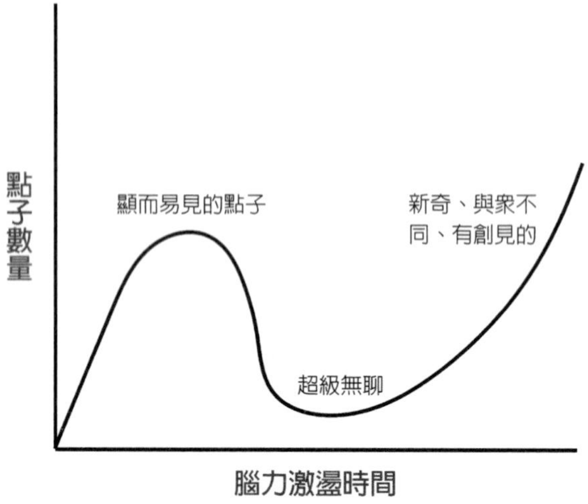

舉是一種設計思考法，要做到這一點，只需在一個主題上寫下盡可能多的想法，一個想法寫在一張便利貼上。你在每張便利貼寫上一個想法，以便重新排列、丟棄或以其他方式控制所產生的想法。這是一種更有效的腦力激盪法，可以產生更好、更多樣化的點子。確保你給成員多一點點時間，以便他們超越傳統並且更加創新。

然後，團隊應該針對指標的重要性排序，用來衡量進度最好的指標排在最上面，而可靠度較低的指標則排在最下面，最後，仔細思考這些KR會帶來什麼後果。安迪·葛洛夫在他所著的《葛洛夫給經理人的第一課》（*High Output Management*）一書中，談到了「配對指標」（Pairing Indicators）：

指標往往會將你的注意力引向它們所監控的內容。這就像騎自行車：你可能會把它轉向你視線所及之處。例如，如果你開始仔細地計算庫存水準，你很可能會採取一些降低庫存水準的措施，這在某方面來說是好的。但是你的庫存有可能太過於精實，以至於當需求產生變化時，很容易因反應不及而造成短缺。所以，正因為指標會指引一個人的行動，你應該要有警覺性，避免反應過度。關於這點，你可以透過配對指標來達成，如此即可同時測量效果和反效果。

有時候，你的健康指標會跟 OKR 相互制衡，我在本章稍後會提及。有時候，你想給你的 O 帶來細微差別。客戶喜愛我們嗎？營收可能是一種指標，但客服來電數也可能是（數字應該下降）。想要銷售更多的產品，但不希望業務人員使用欺騙手段來賣出產品？你可能還希望設置客戶滿意度評分。常見的配對指標包括長期／短期、定性／定量、過程／成果、內部／外部。套用葛洛夫的話，這些配對指標「可同時測量效果和反效果」。

發展KR時需要考慮的一些事項：

- 是否有基準？你可能必須先測量一到兩個月，這樣設置起KR來會比較踏實。
- 是否容易測量？我記得曾與一個想改善無聊會議的小組討論，有人建議採用出席率。我問道：「你們真的要測量它嗎？」他們可以做，但他們最後選擇不做，因為他們相信沒有人會記得做這件事。
- 信號是強還是弱？如果達成所設定的數字，你會感到多大的信心？

可否將專案完成設定為一個KR？

如果你將一個專案設定為KR，那麼即使中途發現該專案行不通，你也會深陷其中。你不會想緊握一個可能事後被證明選錯了的策略。相反地，你會想瞄準成果。假設你的OKR看起來如下：

O：客戶喜愛我們，他們是我們的銷售團隊。
KR：新的自助區
KR：以愛為導向的行銷訴求，並搭配電視廣告
KR：客服人員完成銷售培訓

完全有可能會發生的情況是，上述的每一個KR都達成了，但你在乎的數字都沒動。營收可能持平，獲取客戶數可能會走低，留客率可能會有失水準。一旦你的團隊流於檢視待辦事項而非監督指標，你就已經將自欺欺人制度化了。

詢問任務相關的問題，以找到真正重要的指標

當最前線的團隊設定好OKR時，他們會在崗位上謹守戰術。工程師、設計師和產品經理是提供解決方案的人。如果你發現有任務或專案被列入KR，問自己幾個問題：

- 為什麼選這個專案？它為什麼重要？
- 它會完成什麼？會改變什麼？
- 如何知道它是否成功？
- 如果做到了，有哪些數字會變動？
- 它跟公司的 O 有何緊密連結？

如果你在報告中看到 OKR 如下所述：

O：新的自助服務區

KR：更好的搜尋

KR：新的常見問題集（FAQ）

KR：論壇

你可以主動提出問題，直到它變成這樣：

O：公司幫助客戶成功解決所遇到的問題

KR：「這對你是否有幫助」的評分上升一五%

KR：看完常見問題集之後，「問題已解決」的評分進步三〇%

KR：點對點求助論壇的日均活躍用戶數（Daily Active Users, DAU）為兩千（從一萬降下來）

多花一些心力進行輔導，直到你看到你的報告是以結果，而不是專案來思考。如果KR是一個成果，你可以改變你的戰術，直到數字發生變化。如果KR是一個專案，即使你發現它是**錯誤的方法**，你也已將自己鎖定在實現它的過程中。

OKR所設定的KR必須是結果，才能賦權團隊。

KR應該要有難度，但並非不可能的任務

ＯＫＲ始終是設延伸性目標。一開始先問自己：「從一到十，我對達成這個目標有多少信心？」信心度一表示「永遠不會實現的，我的朋友。」信心度十表示「簡單到不費吹灰之力。」這也代表你把目標定得太容易了（通常稱之為保留實力）。在那些失敗會受到懲罰的公司，員工很快就不再去嘗試。如果你想要有一番作為，你就必須找到一種安全的方法，來超越其他人的現有成就。如果你只有一半的把握可以做到，那麼這大概就是正確的延伸性目標了。假如你曾經做過瑜伽，教練會鼓勵你盡量伸展肢體，直到你感覺到身體鬆了，但又不至於疼痛。如果你感到疼痛，你就有受傷的危險。設定目標也是如此：目標定得太難，團隊可能會精疲力盡而放棄；定得太容易，公司則可能會衰弱並倒閉。

仔細看看你的ＫＲ。如果你心中有股莫名的感覺像是在說：「我們真的非得全力以赴才能做到這些……」那麼你就設對了。如果你看著它們並想著「完蛋了」，那就是設得太難。如果你看著它們並認為「稍微拚一下就可以做到了」，那就是設得太容易了。

有些公司設定了承諾性和抱負性的 OKR。「承諾性」代表你知道自己做得到，而「抱負性」是你希望自己做得到。這增加了目標設定過程的複雜度。透過本書，我將敦促你簡化你的 OKR。唯有當大家能夠牢牢記住，OKR 才會運作得最好。一旦你創造愈多組 OKR，複雜度也愈高時，團隊就愈可能為了要趕快排定優先順序而記不住它們。千萬不要讓你的目標過度複雜。

指標是設定 OKR 的第一步

有時候，在設定 OKR 時，團隊成員會先想出一個 KR。有很多人，尤其是事業單位、產品管理或銷售人員，常以數字來進行思考，而非從一段鼓舞人心的話來思考。但就如同前述有團隊成員建議用一項任務作為 KR 一樣，你可以就該數字所代表的意義跟成員進行對話。例如：你的執行長要求營收成長到每月五十萬美元。你需要問你的執行長，這個數字告訴我們什麼？代表我們準備好要進行 B 輪募資了嗎？代表訪客有高比率會成為顧客嗎？代表用戶瘋喊「請收下我的錢」嗎？每個數字背後都有一個故事可說，這個故事就是你的 O。一旦你有了 O，你就可以問自己是否還有其他值得關注的好指標。假設我們決定用「準備進行下一輪募資」作為 O，你可以選擇留客率、轉化率或用戶參與度這些數字作為其他的 KR。

不一定需要設定三個 KR，但用「三角檢視」（Triangulate）[6]不失為衡量成功的好方法。例如：用留客率來平衡營收，以確保你的團隊不會只圖讓客戶在短期內多掏幾塊錢，來使 KR 符合 O。

6. 譯註：三角檢視是一種研究資料的檢核方式，指對同一事件使用一個以上的資料來源進行檢驗，透過多種不同的方法，可以從不同面向了解事件的整個情境，提升研究的信度與效度。

02 先決條件

OKR流程並不是像銀色子彈（Silver Bullet）一般的神兵利器。在某些公司和某些情況下，它並不是管理公司工作的正確選擇，例如：如果你考慮採用OKR是為了更好控制員工的活動，那就行不通了。OKR的基礎是讓員工自由決定如何達到你想要的結果，如果你想在不健康的公司文化中使用OKR來獲得不斷提高的生產力，OKR在你的員工眼中就只是一條新款的鞭子。此外，如果你在眾多不同的市場裡做了一大堆不同的事情，不願意為了聚焦而有所取捨，那麼，祝你好運吧。

當一個公司有強大的使命，聘雇了優秀的員工，並且相信他們能完成卓越的事情時，OKR才有可能發揮效用。

首先，確認使命

大多數新創公司都抗拒建立公司的使命，似乎使命只是大公司的文宣活動，而不是自認精實敏捷（Lean and Agile）的人應該操弄的東西，這是浪費時間！其實，幾乎所有的新創公司都是從一個使命開始的，即使他們沒有寫下來（別忘了，大公司也曾經是新創公司）。

如果你認為成立一家新創公司是為了賺錢，那你被誤導了。根據歐曼律師事務所（Allmand Law）的研究顯示，[1]九〇%的新創公司都失敗了，如果你只想要賺一份薪水，那麼建議你加入華爾街的顧問公司反而更安全些。但如果你想改變世界，就創立一家公司。意思是，你認為世界需要改變，也代表你對「使命」很可能早已胸有成竹。

「使命」可能是從創辦人說的話開始：「但願學生們能弄清楚哪些是真正優秀的老師」；或「我希望有一個更簡單的方式跟我在波蘭的父母分享影片」；或「我希望能在我最喜歡的咖啡廳喝到很棒的茶」。經過多方探詢後，發現市場需要解決同樣的問題，這就會導引出一項使命：「知道誰能幫助學生學習」；或「透過容易分享的回憶，連接相距遙遠的家庭」；或「為愛茶人士奉上好茶」。使命不一定是偉大的詩歌作品，它們必須簡單、好記，並且成為你決定如何投入時間的指導綱領。

良好的使命，要短到讓公司裡的每個人都能銘記於心；偉大的使命，是鼓舞人心而又有指導意義的。谷歌早期的使命是如此強而有力，以至於連非谷歌人都知道：「彙整全球資訊，供大眾使用，使人人受惠。」

電商平台亞馬遜則是：「我們的目標是成為地球上最以客戶為中心的公司。我們的使命是持續提高客戶體驗，藉由網路的使用和科技來幫助消費者尋找、發現和購買任何東西，並賦權企業和內容創作者達到最大的成功。」即使你忘記了其餘的內容，你也能記得第一句「以客戶為中心」。星佳的使命很簡單：「透過遊戲連接全世界。」如果你在菲爾茲精品咖啡廳喝杯咖啡，你可以問那裡的任何人，他們會告訴你，菲爾茲的使命是：「讓人們的每天更美好。」

使命要簡短而好記，當你在日常工作中遇到問題時，使命應該能夠立刻浮上腦海並

---

1. 作者註：瑞德·歐曼（Reed Allmand）：《科技新創公司圖譜》（*Mapping Tech Startups*）。

協助你解答。

建立使命，可以從這個簡單的公式開始：

我們藉由【價值主張】在【市場】中【減少痛苦/改善生活】。

然後再逐步推敲，正如你從上面一些較短的使命中所看到的，有時候僅僅「價值主張」也就足夠了。

我知道你們可能會改變市場，或者在前進的過程中新增商業模式，但盡量制訂一個能讓你們至少堅持五年的使命。在許多方面，使命和OKR模型中的O有很多共同點，它們令人嚮往且好記，關鍵的區別在於時間範圍，一個O會帶你度過一年或一季，使命則應該持續更長的時間。

使命讓你們保持正軌，OKR提供聚焦與里程碑。運用OKR而沒有使命，就像使用航空燃油而沒有噴射機似的，將會雜亂無章、沒有方向，反而有潛在的破壞性。只要有了使命，選擇每季的O是輕而易舉的，你們不再面對一個充滿無限可能的瘋狂世界，你們可以討論如何推進使命，你們可以為優先順序而爭執，一旦塵埃落定，你們可以選擇一件宏偉而大膽的事情去做，因為你們知道自己將要去哪裡。

其次，訂定策略

「策略是知道不做什麼。」

——麥可・波特（Michael Porter）

有了策略，才能制訂O與KR。

所有組織都在策略型活動（Strategic Activity）和回應型活動（Reactive Activity）之間平衡資源：策略型活動是透過計畫內的努力，在市場上獲得吸引力；回應型活動則是對周遭世界如何做出反應，此時你不是試著從負面事件中恢復，就是善用正面事件。

對許多公司來說，二〇二〇年的新冠疫情大流行是一場災難，許多會議主辦者不得不取消他們的活動或試圖轉移到線上舉行。對其他公司來說，疫情的流行代表空前的成長，線上會議工具的需求甚至超過了他們的負荷。在日常中的微小波瀾（比如一家老牌公司突然決定進入你們的市場）和全球災難（比如疫情肆虐導致的經濟崩潰）之間，往往很容易以回應模式結束。策略是你為了恢復公司活力所做的事情，是你選擇做什麼，而不是你被外力所迫而做什麼，雖然公司的成敗可由外部事件決定，但它們的長期生存取決於擁有並執行其策略。

讓我為你舉個例子：

當一家公司成立的時候，他們會從一個很小的市場開始，以滿足早期採用者，但到了某個時間點，這個市場不再有新的客戶增加。此時，他們必須做一個關鍵決定：究竟是開始嘗試在新的地理位置或新的人口結構中獲得客戶？或者，在他們已經深耕的市場中滿足另一項需求？經過研究和實驗，他們將選定方向，OKR也將隨之確定。

年度O：把我們的世界級產品帶到全球。

季度O：把我們的世界級產品帶到黑海沿岸的喬治亞共和國（Georgia）。

又或者

年度O：解決商務旅行者的所有需求，不僅僅是安排時程。

季度O：即使客戶在最後一分鐘更動，也要滿足需求，提供替代的班機與飯店。

選擇一個方向，圍繞著它設定OKR，並開始獲取牽引力量。你可以在下一季運用所學重新來過，以增加成功機會，或者在第一季沒有成功的時候改變策略。

策略不需要完美，但如果沒有策略，很可能會浪費時間與資源。對於新創公司「前期市場契合」（Pre-Market Fit）而言，OKR往往能達到「產品市場契合」。但隨著公司的發展，進行成長規劃極為重要。

第三，熟練指標思維

OKR方法的執行需要具備測量關鍵指標的能力，並且獲得進展。有些我合作過的公司並未將他們的網站或手機應用程式「量表化」（Instrumented），因此沒有比較基準。很多人只關心流量和點擊量，但只有少數人停下來問自己：「這個數字實際上告訴了我什麼？」一個婚慶網站有很多日均活躍用戶數，但只延續幾個月，你覺得這樣好嗎？點擊量固然很好，因為它代表良好的對話，但它是持續的嗎？它是產品經理騙取獎金的遊戲？還是會隨著時間的推移持續成功？最常被搜尋的項目是什麼？你隨時在追蹤你的搜尋日誌，還是在需要的時候才把它們翻出來看？

阿利斯泰爾．克羅（Alistair Croll）與班傑明．尤斯柯維茲（Benjamin Yoskovitz）在他們的傑作《精實數據分析》（*Lean Analytics*）一書中指出：

> 好的指標是比較性的。能夠將指標與其他時段、用戶族群或競爭對手進行比較，有助於了解事物的發展方向。「轉化率（Conversion）比上週增加××」較「轉化率二%」更有意義。
>
> 好的指標是可以理解的。如果人們記不住它並且討論它，就很難將資料的改變轉化為文化的改變。
>
> 好的指標是比例或百分比。會計師和財務分析師有幾個他們看了就對公司基本情況是否健全一目了然的比例，你也需要一些……
>
> 好的指標會改變你的行為模式。到目前為止，衡量一個指標最重要的準則：根據

指標的變化，你的作法將會有什麼不同？

當我在雅虎搜尋部門工作的時候，我學到了很多關於指標的思維，我們知道如何讓人們點選廣告，如何幫他們導向搜尋結果，我們利用這些知識來平衡客戶滿意度和營收。我們知道，當人們搜尋不成功，他們很可能更換搜尋引擎，而不是看第二頁；我們知道，人們經常點選前兩個搜尋結果和最後一個，所以我們發展為每頁呈現十個結果，以便人們得到更多的相關結果。知識就是力量！

公司產品和服務部門的每個人都應該知道最重要的指標是什麼。如果你的公司或公司的一些部門不善於思考什麼數字比較重要，你可能需要花一季的時間來「量表化」（Instrumenting）[2]你的產品，並在嘗試OKR之前建立基準。

2. 作者註：「量表化」（Instrumented, Instrumenting）是指將追蹤器添加到產品與服務的關鍵元素中，以便隨著時間的推移追蹤數字。

最後，營造安全的學習場域

谷歌產業總監保羅・山塔戛塔（Paul Santagata）曾說：「沒有信任，不成團隊。」[3]

我們都曾經在沒人覺得安全到可以暢所欲言的地方工作過，在這種環境下，幾乎無法學習，而且無法社交互動。想要擁有高效的團隊，必須要有心理安全感（Psychological Safety）。

我寫過《自我管理的團隊》這本書，因為團隊是一個值得寫上幾百頁的複雜主題，而不是只有幾百個字。我有一個簡短的版本：把一群人帶進房間並不足以讓他們成為一個團隊，有效的團隊需要有個人之間的連結和心理安全感。

除非人們感到彼此連結，否則他們不會感到安全。

不幸的是，美國人在工作場所中表現出人性的一面很奇怪，工作好像被視為另一個世界，在那裡我們是機器，而不是有歷史和感情的人。領導者的工作是團結整個團隊，其中一種方式是創造社交機會，讓團隊成員可以談論他們的孩子、生活與家庭。創造機會把「那個工程師」看作「喜歡和女兒一起織毛衣的喬先生」，會帶來更好的團隊動力。不見得是公司的野餐或強制性的快樂時光，它可以簡單到「用一句話分享你這禮拜看到很棒的東西」來開始會議，或者新團隊以「互相介紹」的活動展開。分享瑣事是交談的藉口，而交談會帶來友誼。領導者應塑造並鼓勵的氣氛是讓人們真誠相互關心，並且以有益的態度給予關懷回饋。然後，成員不論是個人或團隊都能得到成長，當討論到為什麼數字應該上升而實際卻在下降，我們需要具備「同理心」（Mutual Empathy）。

如果想在你的團隊中建立心理安全感，另一種方法是對如何共同工作建立正式的期望。在與客戶工作時，我帶領團隊建立一個輕量級的團隊章程，每個人都同意遵守。當團隊在較大的OKR反思會議（Reflection Meeting）上檢討當季的工作時，章程也應該可以逐步進化。重要的是，章程是由團隊自行建立的，而不是由管理層交辦下來的。共同制訂章程的行為，能夠突顯可能發生的衝突，並教導團隊成員理解彼此的觀點。

3. 作者註：引用自蘿拉·德莉桑娜（Laura Delizonna）在《哈佛商業評論》發表的〈高效團隊需要心理安全感〉（High-Performing Teams Need Psychological Safety. Here’s How to Create It）一文。

建立團隊章程

一旦你把大家都召集在一起，讓他們談談他們曾經參加過的最好團隊，什麼有效？什麼無效？然後問問他們參加過最差的團隊。從這些起點開始，你建立了彼此結合的規則。我們希望團隊如何共同合作？我們是否要使用線上協同作業軟體 Slack 來溝通？或是採用站立會議（Stand-Up Meeting）？我們要做筆記還是擬定議程？當有人做了與團隊不一致的事情時會怎樣？這個練習的重點不僅是為了最終的產品，它的重點也是讓大家暢所欲言、造成尷尬、互相辯論、彼此交談。透過這些艱難的對話達成共識，整個工作的動力都會發生變化。我們創造了讓團隊一起做對事情的機會，而不是在出了問題之後帶著怨恨四處晃蕩；我們也議定如果事與願違的話該如何因應，藉此減少不確定性並增加安全性。

當個人需求與團隊需求不符時，難免可能狀況百出。例如：如果你是一個傾向避免衝突的人，你可能仍然需要與一個相信凡事都要爭論的團隊合作，此時，不論你設定了什麼期望，都可能困難重重，因為你天生的行為模式與團隊文化不同。一份完善的團隊章程，能夠讓你預先知道你在團隊中的角色與目標，你可以選擇適應或離開，不會因為你的期望落空而感到怨恨。

花點時間訂定基本規則、建立個人關係，將可使OKR會議更為坦誠有效，同時，也可以加速其他方面的成果。

03 為什麼專案的完成不能設為KR？

你對專案的所有迷人想法，都可以放到你的「匯集清單」（Pipeline，綜合解決方案）裡，「匯集清單」比「規劃藍圖」（Roadmap）更適合OKR。

為了避免語義上的爭論，我把「規劃藍圖」定義為：達到我們所期望未來的計畫；而把「匯集清單」定義為：可能達到我們所期望未來的各種專案想法的匯集。「規劃藍圖」上有日期，「匯集清單」則用影響程度（Impact）、工作難度（Effort）、信心度（Confidence）來確定最佳想法的優先順序。之所以說「匯集清單」比「規劃藍圖」更可取，我單純指的是「匯集清單」在你嘗試實現O時，為你提供了彈性。你也可以採用「匯集清單」的作法，但把它稱之為「規劃藍圖」，關鍵重點是擁有一長串潛在的解決方案可以嘗試。

如果已經有了「規劃藍圖」，可以將其拆解並套用到「匯集清單」的格式中，然後團隊腦力激盪出更多潛在的解決方案。OKR不宜只由一個想法構成，最好能有更寬廣的選擇，看看能否擬訂至少五個潛在的專案，藉以推動特定的KR，然後進行評估。

專案	OKR／健康狀態	影響程度	工作難度	信心度、證據
登錄重新設計	獲得用戶	低	低	可用性研究顯示：登錄造成困惑
社群媒體註冊	獲得用戶	高	中	比較研究顯示：社群媒體註冊相當常見
強化隱私設定	滿意度	未知	高	隱私的負面新聞接二連三
內部維基百科	團隊狀態	中	高	團隊中九〇%的人對於耗時追尋有價值的資料與研究報告感到心煩

如上表所示，「匯集清單」讓領導者可以快速評估工作有效與否，此時，領導者可以做出執行或不執行的決定，或要求更多的研究。例如，也許負責註冊的團隊可以嘗試取得其他公司關於社群媒體註冊的數據，或者，他們可以進行一個小測試來獲得更多的數據。[1]

OKR主要是設定目標，以便在完成目標時有更多彈性，「匯集清單」則支援彈性。「規劃藍圖」則是對可行性的猜想，已經凍結在甘特圖（Gantt Chart）裡不能任意更動了。

---

1. 作者註：《測試商業概念：快速實驗的現場指南》（*Testing Business Ideas: A Field Guide for Rapid Experimentation*）一書是學習如何運行有效測試的極佳資料來源。作者：大衛・布蘭德（David J. Bland）、亞歷山大・歐斯特沃德（Alexander Osterwalder）。

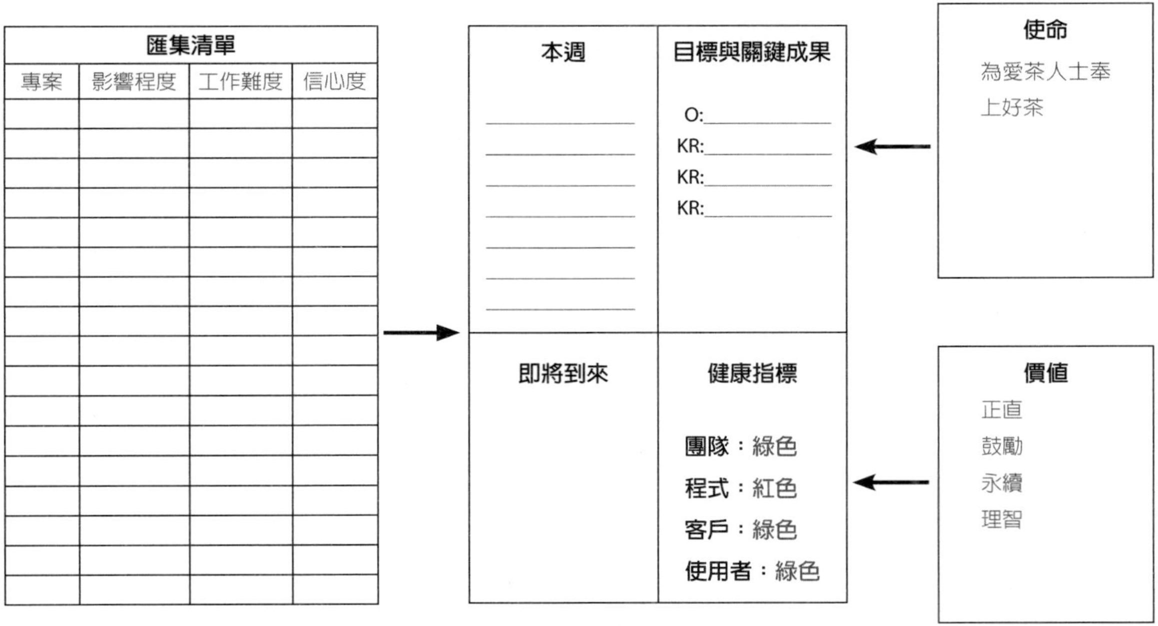
匯集清單
專案
影響程度
工作難度
信心度
本週
目標與關鍵成果
O:
KR:
KR:
KR:
即將到來
健康指標
團隊：綠色
程式：紅色
客戶：綠色
使用者：綠色
使命
為愛茶人士奉
上好茶
價值
正直
鼓勵
永續
理智

04 除了OKR，還需要做其他哪些事情？

OKR是管理方法的一部分，但不是全部。

一些不賺錢的事情，公司也非做不可才能持續經營，包括：合約、稅務、會計、支付薪水等等，你需要把這些事情做到一定的品質水準，否則公司就麻煩了。

很多服務部門都是逐漸進化（Evolve）而非創新（Innovate），工程、設計、行銷……多數時候都運作順暢，有時候你可能希望推動他們改進，但在一個健康的公司裡，他們都是在溫和的節奏下做好工作。

我們把所有這些工作統稱為「營運」（Operation），他們不需要OKR，因為他們不會經常追求全面的改進。管理者需要監控OKR，同時追蹤其他需要保持一致性的關鍵指標。在OKR框架中，為了發現事情產生變化而追蹤的指標稱為「健康指標」。

健康指標猶如煤礦坑中的金絲雀，具有風險警示的作用。如果訂定過於野心勃勃的OKR，而使團隊精疲力盡——你需要知道；如果團隊沉迷於一個嶄新又耀眼的專案，而忽視現有的客戶或系統——你也需要知道。當你試圖透過OKR新增指標時，健康指標會保護那些已經完成的工作。

關於健康指標的一些可能例子：

- 新客戶註冊數
- 客戶滿意度
- 程式健康度（忽略這一點，就會看到你的技術系統開始崩潰）
- 團隊健康狀態（忽略這一點，就會出現成員倦怠和離職潮）

有時候可以把健康指標提升為一組OKR。譬如，客戶滿意度一直在緩慢下降，執行長可能會說，是時候扭轉局面了！並圍繞著取悅客戶設定一個O和一些理想的

KR，以便知道情況什麼時候好轉。如果客戶滿意度達到了預期目標，他們可以再次將其恢復為一個健康指標。

05

是什麼讓OKR發揮作用？節奏感。

許多嘗試OKR的公司都失敗了，他們把責任歸咎於系統本身，但如果你不持之以恆，任何系統都起不了作用。僅僅設定OKR還不夠，必須定期追蹤其進展。事實上，OKR的節奏是使OKR發揮作用的原因，它比設定一個鼓舞人心的O更重要，甚至比把KR設定為結果更重要。每當有人問我OKR和SMART目標、[1]關鍵績效指標（KPI）或其他目標設定方法之間有什麼區別，我會告訴他們區別就在開會的節

1. 譯註：「現代管理學之父」彼得・杜拉克（Peter F. Drucker）於其經典著作《管理聖經》中，提出目標管理的SMART原則：S：Specific（明確的）；M：Measurable（可衡量的）；A：Achievable（可達成的）；R：Relevant（相關的）；T：Time-bound（有時限的）。

奏，正是此節奏讓目標設定和目標達成兩者之間有所區別。

當我第一次開始幫助新創公司執行 OKR 時，我不得不修改我在社群遊戲公司星佳所做的 OKR 追蹤方法。年輕的新創公司對任何會議的容忍度都極低，更別說每天對戰術和指標進行深入分析了，我直接縮減為每週開兩次關鍵會議：一次是設定重點工作，一次是慶祝進展。如此一來，針對公司試圖完成的事項，便在每週首尾形成明確的提醒。我的前老闆傑夫．韋納曾說：「你要說到唇焦舌敝，人們才會開始聆聽。」設定 OKR 工作方向與慶祝 OKR 進展的節奏，代表你在不斷地自我重複——用好的方式。

週一承諾與四方陣表

每週一，團隊應該開會檢視 OKR 的進展情況，並承諾完成協助公司達成 O 的各項任務。我建議使用四方陣表的格式：

一、本週的重點工作：為了達成 O，本週你必須完成的三到四件最重要的事情是什麼？討論這些優先事項是否能使你更接近ＯＫＲ。

二、未來一個月的預測：你的團隊應該知道哪些即將發生的事情，是他們可以協助或準備的？

三、ＯＫＲ實行狀態：如果你設定的信心度為五／十，那麼現在上升了還是下降了？討論一下原因。

四、健康指標：當你努力追求卓越時，選擇兩到五件你想維繫的事項，有什麼是搞砸後無法承受的？與客戶的關鍵關係？程式穩定性？團隊幸福感？當事情開始偏離正軌時，立刻做個記號並討論。

之所以提供上列概述，是為了可以同時看到重點工作與Ｏ，本文件是一份不折不扣的對話工具，可以討論下列議題：

本週工作優先順序	OKR 信心度
P1：與 TLM Foods 簽訂合約 P1：新訂單流程 P1：面試三位可靠的業務人選	O：在經銷商面前，建立優質茶葉供應商的清晰價值形象 KR：回購率八五% KR：口碑轉介客戶數：五 KR：營業額二十五萬美元
即將到來的重大專案	**健康指標**
回購提醒通知 新版經銷商訂單自行輸入流程 經銷商茶葉銷售指標 聘雇客戶服務主管	**黃** 團隊健康：為營運方向轉變而努力 **綠** 經銷商滿意度 **紅** 訂戶轉化率

- 工作優先順序是否可以讓我們達成 OKR？
- 為什麼對我們達成 OKR 能力的信心度下降？有人能幫忙嗎？
- 我們準備好迎接重要的新工作了嗎？行銷部門知道產品功能是什麼嗎？

• 我們是要讓員工精疲力盡？還是允許程式庫裡面良莠不齊？

騰出時間進行對話。如果週一會議分配給簡報說明的時間只有四分之一，其餘都是討論下一步作法，那你就做對了。提早結束是個好兆頭，你預留了一個小時的會議時間，並不代表你就必須用完它。

對四方陣表的審視盡量簡短，不需要彼此大聲宣讀。使用顏色識別和易於瀏覽的句子，就可以深入任何問題。聚焦於問題本身與衍生出的難題，必要時勇敢地說：「一切都已步上正軌，不需要討論。」會議上講話時間的多寡並非成功的指標。

當大家開會時，可以只討論四方陣表，或者可以把它作為一個狀態概述，然後補充其他詳細的資訊，包括指標、匯集清單或相關的更新。每家公司對會議的容忍度都不盡相同，或高或低。

相信你的團隊會在日常工作中做出不錯的選擇。將會議的基調定為團隊成員互相幫助，以達到他們承諾的共同目標。領導者可以仿效這樣的說法：「看起來我們的第二個KR有麻煩了，我們能不能腦力激盪出一些方法讓它回到正軌？」徵求意見，並對團隊的貢獻明確表示感激，對團隊的賦權將有長足的助益，隨著時間的推移，團隊將了解，你並非無所不知、無所不能，他們自己對公司也很重要。

平衡健康指標與OKR

我通常將健康指標簡單地標記為綠色、黃色、紅色。綠色表示一切正常，黃色表示需要小心，紅色則表示某些事情使公司的健康狀態猶如自由落體般危險。

健康指標	
黃	團隊健康：為營運方向轉變而努力
綠	程式健康度
綠	經銷商滿意度

在任何時候（不僅僅是週一），任何人都可以針對一項紅色的健康指標發出「緊急

警報」（Code Red），並在OKR工作之前優先處理（或優先尋找處理途徑）。

發出「緊急警報」既可以向管理團隊提供正式通知，說明OKR中某些工作已經停止，同時建立問題紀錄。當團隊進行季末回顧時，他們可以查看「緊急警報」，以了解是什麼阻礙了公司發揮潛力。對許多公司來說，二〇二〇年的新冠疫情是一個巨大的「緊急警報」，如果公司存活下來，它們會希望從危機中汲取教訓，並投資於策略工作以防範危機，追蹤每件事並且投入時間從經驗中學習。

週五為贏家時刻

當團隊設定的目標過高，他們失敗的機會也大。雖然設定較高的目標看來充滿希望，但若是走了很遠的冤枉路，最後錯失目標，會令人非常沮喪，這是為什麼週五的成功分享會如此重要的原因。

在週五的成功分享會中，所有團隊都展示他們的工作進度：工程師展示他們已經開始寫的程式，設計師展示模型和規劃圖樣。此外，每個團隊都應該做一些分享：銷售部門可以談談他們跟誰簽了訂單；客服部門可以談談他們挽救回來的客戶；事業開發部門可以分享合作協議。這有幾個好處：第一，你開始覺得自己屬於一個非常特別的成功團隊；第二，團隊成員追求成功並開始期待有東西向大家分享；最後，公司開始理解每個案子的歷程，並知道每個人整天都在做什麼。

在星期五為團隊提供啤酒、葡萄酒、蛋糕，或其他適合的東西，使團隊感到被關心非常重要。如果團隊規模真的很小，沒有足夠預算，執行長至少可以買一個披薩或一箱啤酒，盡可能表達他的感激之意。隨著團隊規模的擴大，公司應該為慶祝活動買單以示支持。因為：「專案最大的資產是人」，難道不應該投資在他們身上嗎？

不要強迫出席，不要在下午六點大家都想回家的時候舉行。我見過一些公司為了舉行慶功會而在星期五多出幾個小時工作。如果團隊整個星期都在努力工作以獲得重大進展，到了下午四點，他們已經精疲力竭了，下班時間到了卻還要多待兩個小時，換來的只是他們的憤憤不平、無心參與。盡量在下午三、四點左右舉行成功分享會。

我經常收到關於遠距工作團隊的問題，我也見過很多聰明的方法。如果你們彼此在接近的時區內，可以進行視訊會議，雖然不會有人分享食物（你仍然可以叫外賣），但至少大家可以看到彼此的臉。有的團隊在內部聊天工具（如線上協同作業軟體 Slack）上有吹牛頻道；有的團隊讓執行長或總經理在視訊會議上或寄發電子郵件公布名列前茅的部門，雖然不如共同聚餐那樣令人滿意，仍然可以顯示出真誠的感激，並使工作進展為大家所見。

使 OKR 發揮作用的儀式可以與公司文化結合，只要有承諾的儀式和慶祝的儀式，就可以用符合公司組織和文化的方式來進行。也可以實驗看看其他不同的方法。與我共事的一位執行長說道：「有些事情如果一直周而復始地做，就有失去新意的風險。」偶爾改變一下慶祝的方式，可以使聚會趣味橫生。如果有多個小組，可以每週請一個不同的小組來簡報，一定要限定時間，例如：「你有十五分鐘的時間，時間到我會喊停。」或者你可以舉辦一個小型科技博覽會，大家可以四處和各個攤位的代表交談。

一定要在會後以簡短的三個問題進行匿名調查，快速檢視其如何發揮作用。我喜歡有些「離場問卷」（Exit Ticket）[2]上面的問題：「我們應該繼續做什麼？我們應該改變什麼？管理團隊應該知道什麼？」我也會在課堂上使用這招，以確保大家都在學習、全班都在進步。

你聘雇了聰明人，讓他們協助你成為一家更好的公司！

保持自己專屬的節奏

我收到很多關於在非典型情況下實施ＯＫＲ的問題，譬如：遠距工作團隊、擁有多條業務線的公司，或者支援當前盈利部門同時兼顧研發的公司。大公司無法讓所有人都在同一個會議室開會（隨著公司的發展，谷歌最後把所有的公司會議都搬到戶外），或者是時差使開會不易，或者與敏捷開發計畫（Agile Planning）會議發生衝突。你可以把「週一—週五」的規律改為「週五—週二」，你可以透過視訊來舉行慶祝活動，你也可以在進度報告郵件裡或線上協同作業軟體 Slack 的頻道上吹牛。只要設定好並舉辦慶祝活動，要如何進行都可以有彈性。

ＯＫＲ非常適合用來設定目標，但如果沒有一個系統來協助達成，很可能會像其他流行一時的管理工具一樣失敗。向團隊承諾、彼此互相承諾、向共同的未來承諾，並且每週都重申誓言。

2. 譯註：「離場問卷」亦稱「課後問卷、會後問卷」，不少教學機構會在課堂結束時，請學員填寫簡單的「離場問卷」，一方面加強授課者與學員之間的互動，另一方面也可以作為日後課程改進的參考。

06 以OKR改善每週的進度報告

我記得我第一次必須寫進度報告郵件的情形。在二〇〇〇年時，我剛剛被提拔為雅虎的經理，帶領一個小團隊，我被告知：「寫一封進度報告郵件，說明你的團隊在本週完成的工作，週五交。」好吧，你很容易想像我的感受，我必須證明我的團隊正在完成工作！不僅為了證明我們的存在，而且要證明我們需要更多的人手。因為，你懂的，更多的人力，對吧？

我做了每個人都會做的事情：我列出了部屬所做的每一件事，然後整合出一份實在很難閱讀的報告。然後我開始管理一些小主管，要他們寄給我同樣的報告，我再彙整成一份更長、更可怕的報告。我把這份報告寄給了我的設計經理，愛琳・歐（Irene Au）和我的總經理傑夫・韋納（他明智地要求我在報告開頭加上摘要）。

就這樣，我從一份工作換到另一份工作，不斷地寫冗長乏味的報告，但充其量，也只是被瀏覽一下。有一次，我停止自己彙整，讓我的小主管把報告寄給我的專案經理，由專案經理彙整，然後寄給我複審，我檢查是否有不當之處後，再把它轉給我的老闆。某一個星期我忘了看報告，也沒聽到任何來追問的消息。這才意識到這實在是浪費大家的時間。

二〇一〇年，我到星佳工作。現在，不論你對星佳的評價如何，他們的確擅長做一些使組織運作良好的重要事情，其中之一就是進度報告。所有的報告都發給整個管理團隊，而我也很喜歡看這些報告，是的，你沒聽錯：**我很喜歡看這些報告**，即使有二十份。為什麼？因為他們用容易理解的格式把重要的資訊列出來，我用它們來了解我需要做什麼，並從中學習什麼事情是正確的。星佳在早期的發展速度比我見過的任何一家公司都快，我猜想溝通效率就是主要的原因。

當我離開星佳後，我開始擔任顧問。我調整了進度報告郵件，並加入了敏捷開發的一些技巧，以適應我所服務的各型公司。現在，我有一個簡單、可靠的格式，可以適應任何組織，無論大小。

一、以OKR、信心度來帶領團隊達成本季的目標：

列出OKR來提醒每個人（有時包括你自己）為什麼要做你正在做的事情。

你的信心度是對你自己達到KR可能性的猜測，從一分到十分不等，「一」表示永遠不會達標，「十」代表已經是囊中之物。當信心度下降到三以下時，用紅色標記，超過七時用綠色標記。色彩使其易於辨識，這麼做也可讓老闆和團隊成員開心。列出信心度有助於你和團隊成員追蹤進展，並在需要時儘早修正。

二、列出上週的優先任務以及完成與否：

如果未完成，簡單解釋原因。此處的目標是要知道：究竟是什麼使組織無法完成它需要完成的任務。參見下列範例。

三、下一步，列出下週的優先順序：

只要列出三個 P1（第一優先）事項，使其成為包含多個步驟的豐碩成果。例如，「Xeno 專案的規格定案」是一個很好的 P1，可能包括撰寫、與多個小組共同複查、並核准，同時提醒其他團隊和老闆，讓大家知道你很快就會找他們討論。

「跟法律顧問談」是一個很差的 P1，這種優先事項大約只需要花半小時，且沒有明確結果，感覺像是一個子任務，不僅如此，甚至沒有表明要談什麼！

你可以添加一兩個 P2，但它們也應該是內容豐富、值得成為下週的 P2。列出較重大的事項而不需要多。

四、列出任何風險或阻礙因素：

就像在一個敏捷開發的站立會議上，提出其他人可以協助你處理無法自行解決的事項，**不要**玩推卸責任的遊戲。不要在你的主管面前扮演「媽寶」，和同事互相指責：「這是他的錯。」

同時，列出你所知道任何可能阻礙你完成預訂計畫的事情：一個老是約不到時間的商業夥伴；或者一項可能需要比計畫時間更長的棘手技術。老闆們都不喜歡驚嚇，別讓他們吃驚。

五、附註：

最後，如果有任何不符合上述類別的內容，但你又希望這些內容不要被遺漏，請添加附註。例如：「從亞馬遜聘雇了一個很棒的傢伙，是吉姆推薦過來的。謝謝，吉姆！」就是一個很好的附註。要像「提醒：週五團隊外出看舊金山巨人隊比賽」一樣，附註必須簡短、及時、有效，不要把附註當作編造藉口、聊聊自己或是練習寫小說的地方。

範例
Exec-team@teabee.com
二〇一四年十月十三日當週

O：在餐廳供應商面前，建立優質茶葉供應商清晰的價值形象

KR：回購率八五%（六／十）

KR：主動回購率二〇%（五／十）

KR：營業額二十五萬美元（四／十）

上週

P1：與 TLM Foods 簽訂合約　未完成：意外需要特別高層的核准

P1：撰寫新訂單流程規格與核准　完成

P1：面試三位優秀的業務人選　未完成：一個沒來，需要更好的名單並討論

P2：提供招聘客服人員的職務說明書　完成

下週

P1：與 TLM Foods 簽訂合約

P1：給戴夫．金頓（Dave Kimton）錄取通知

P1：可用性測試：找出自助下單的關鍵問題並按重要性排序

附註

有人認識 Johnson Supplies 採購副總嗎？另外，若你想參加可用性測試，請通知我。

上述格式還解決了大型組織面臨的另一個關鍵挑戰：協作（Coordination）。

當我在一家中型公司擔任總經理時，為了用傳統方式寫一份進度報告，我必須在星期四晚上取得團隊所有進度，以便進行彙整、事實查核以及編輯。但是有了OKR系統，我知道自己的優先順序是什麼，原本我使用部屬的進度報告是為了確保大家的優先順序和我相同，如今我星期五寄出報告，和我收到部屬報告的時間一樣，他們不需要等我，或者我也不需要等他們。我們彼此保持承諾、誠實和聚焦。

工作不應該是一份瑣事清單，而是朝著共同目標集體推進的過程。進度報告郵件是用來提醒大家此一事實，並協助我們避免陷入「檢查、打勾」的例行公事思維。

協調組織的工作對公司的競爭和創新能力至關重要。放棄進度報告郵件是策略性錯誤，它可以是一項浪費關鍵資源的任務，也可以是團隊彼此連結與支援的方式。

07 談談終極聚焦工作法

這本書的英文原名是「終極聚焦」（Radical Focus），而不是「ＯＫＲ指南」（A Guide to OKRs）是有原因的：我相信，表現優異和胡搞瞎搞的區別在於聚焦。聚焦極為不易，但卻是必要的。關鍵就在於排除萬難為公司訂出**一個**Ｏ。

訂定**一個**、而不是四個、更不是十個「重要目標」，以一個Ｏ統領一切。

ＯＫＲ是一個框架，用於創建和確保聚焦於真正重要的事情，但如果你把你所做的每一件日常工作瑣事都塞進來，ＯＫＲ就沒什麼作用了。ＯＫＲ並不是一種控制員工運用時間的方式；而是一種分享願景的方法，因此，員工可以對什麼事情最重要做出自己的判斷。

為什麼只有一個O？多組OKR的問題在於，其複雜性會呈指數增加：假設公司有五組OKR，意即公司要求每個人記住二十項資料（五個O和十五個KR）；接下來，假設每個專案團隊都有三組自己的OKR，三乘四等於十二，於是理論上，每位員工每天都有三十二件需要記住的事項；如果你的部門另有OKR的話？那就原本的十二額外再加上四；如果還有個人OKR，至少再加上四。我們期望這些OKR都要和公司的OKR一致，但即使如此……在有一大堆優先事項的情況下，怎麼可能有人知道該做些什麼呢？

公司採用OKR，是因為尋求聚焦與隨之而來的加速發展。只有當公司裡的每個人都知道公司的OKR，並且能夠據此做出決策時，加速發展才會發生，意即他們必須記住OKR，所以公司只訂定**一個**O是極有必要的。

有一個例外：如果某家公司規模很大，而且有彼此關聯很小的多種商業模式。以谷歌的母公司字母控股（Alphabet）為例：很難想像在他們的工作裡，有什麼目標可以把自動駕駛汽車和搜尋廣告結合起來（除了「讓公司賺大錢」之外）。因此，如果你在一個非常大的企業中使用頂層級別的OKR，比如百事可樂或通用電氣，你需要先知道

「頂層」是什麼。我的經驗法則是，每季度針對每個商業模式設立一組OKR。如果你的公司規模還沒那麼大，這正是你需要聚焦的時候，以期成長茁壯的那天到來。

如果你自認自己的公司還不是臉書（Facebook）那樣大的企業，以下是我所見證過的可行建議：

一、不要試圖把多年的工作擠進一季之內

是的，我們全都想要、現在就要。但是，如果我們試圖馬上改變一切，我們能在每件事上花費的時間就很少，進展也會是微乎其微——花生醬太少，吐司太多。[1]隨著時間的推移，任務切換涉及的成本累積是非常可觀的。試圖同時做每件事，等於什麼也做不成；反之，一次選擇一個O，並對工作進行優先排序，才能獲得最大的效果。

1. 作者註：語出《雅虎備忘錄：「花生醬宣言」》（意同「僧多粥少」），刊登於《華爾街日報》，二〇〇六年十一月十八日。

二、不要以每個部門的 OKR 組成公司 OKR

我見過有些公司把行銷 OKR、工程 OKR 以及產品 OKR，當作他們的「公司 OKR」，一個公司 OKR 應該團結公司朝向單一目標前進。並非每個部門都需要 OKR，但每個策略性的工作都需要。

為了達到「一個 O 統領一切」，我首先要問，為什麼行銷、工程以及產品 OKR 對公司很重要？如果他們成功了，公司將有什麼改變？這些目標有什麼共同點？

我試圖尋找出一個統一的主題。在前面的例子中，一切都是為了準備第二輪募資；或許公司的年度目標是進入一個新市場；或者是建立主導地位、確保領先地位等等……。如果你找到一組真正能促使公司成功的 OKR，其他團隊，從客戶服務到法務部門，也都會找到使其實現的方法。

下表是一個公司 OKR 的例子，它是一家製作手機應用程式的公司。在閱讀下面文章之時，看看你是否能夠發現問題。

使流失的客戶成為常客 • 二三%的客戶每天回訪（日均活躍用戶數） • 四〇%每月回訪一次（月均活躍用戶數） • 應用程式內購營收大於五千美元／週	客戶覺得我們的推廣郵件很有趣、很吸引人 • 一五%開信率 • 點選率提高二〇% • 退信率低於二%[2]	用戶互傳的訊息和禮物相當受歡迎，用戶收到超開心 • 客服收到「通知過多」的抱怨減少七五% • 點選率提高五〇% • 個人化選項使用二五%的互動功能

第一個OKR相當理想，它把公司團結起來，使每個人都聚焦在一個關鍵問題上：留客率。

第二個是很差的公司OKR，只適用於行銷和工程（也許還有產品）部門，而且有

2. 作者註：了解有關退信率的更多資訊：https://www.campaignmonitor.com/blog/email-marketing/2019/05/making-sense-email-bounce-rates。

點多餘，我建議將其列為行銷的子目標。

第三個對於負責通知和在手機應用程式內傳遞訊息的團隊可能是一個不錯的OKR，但它不是一個公司的OKR。

三、不是每個人都要站出來領導；某些人要支援

在某些情況下，公司最重要的事情並不需要每個人都全神貫注。例如，一個大型的的產品發表會，雖然工程部可能日以繼夜地工作，但法務團隊只需要幾天就可以制訂服務條款（Terms of Service, TOS）或談妥委外協議，公司OKR不會告訴他們如何做日常工作，但應該讓他們知道在必要的時候應該放下手邊其他工作。並不需要每個部門都有OKR，法務部門或許決定設定一個部門OKR，是關於合約所需的流程或時間之類的事情，但是，當大型發表會需要有人更新服務條款時，他們應該知道這件事情的順位凌駕於他們正在做的任何工作。

我們不可能都當故事中的英雄；某些人擔任支援。《魔戒》裡面的主角佛羅多（Frodo）要是沒有山姆懷斯（Samwise），也走不了多遠。尊重那些負責支援的人，邀請

他們參加週五的慶功會，每個人都有吹牛的權利。

四、切勿受政治干擾，使你無法做出清晰、簡潔的 OKR 組合

當我為客戶審查 OKR 組合時，我經常看到人們試圖在公司目標中塞入更多的項目。有時候，公司高階主管和政客一樣糟糕，把他們的個人專案附加在 OKR 上，然後我必須解析 OKR 組合，找出真正的核心目標是什麼。

例如，有時我會問：「這兩個 OKR 組合之間有什麼區別？」他們會指著 KR，很顯然地，他們有五個指標想要測量，此時，我就揮動我的魔杖，允許他們有五個 KR 和一個 O。三個 KR 的規則其實不是真的規則，比較像是指導方針。前面提過，如果你想讓一個目標被記住並且存活，你真的不會希望它包含太多的元素。但是，如果你只有一組 OKR，大家只需要記住那個 O 和他們能影響的特定 KR，那就沒有問題了。

其他時候，當被問及兩個 O 之間的區別時，對方會聳聳肩說：「我不知道。」這時，把它們合併起來或者投票給你最喜歡的一個是有意義的。別因為誰寫的 O 詞藻優美而舉棋不定，造成團隊前進步伐的混亂。

有時候（特別是在面對面的研討會上），大家會嘗試把每個人的想法都放進OKR組合中。也許他們想要尊重位高權重主管的想法；或者想要避免團隊面臨衝突的麻煩，而試圖保留每個人最喜歡的措辭。你可能會想：「有什麼害處？」但是如果你不羅列優先順序並且化繁為簡，你就在逃避對公司的責任。

當我在雅虎於賴瑞・特斯勒（Larry Tesler）[3]的小組工作時，我學到每個應用程式都有一定的複雜性，無法減少。特斯勒認為：在多數情況下，工程師應該多花一週時間來降低應用程式的複雜性；而不是因為額外的複雜性使數百萬用戶多花一分鐘來使用該程式。這與建立OKR組合的情況相同，如果你多花一個小時讓OKR正確無誤，總比讓員工深陷不必要的語言、大量的優先事項以及不明確的目標之中，而失去聚焦要好得多。

清晰。

簡單。

好記。

達成你的O。

3. 譯註：賴瑞・特斯勒（Larry Tesler）為人機介面的先驅。一九七三年進入全錄公司（Xerox），研發出「剪切、複製、貼上」（cut, copy and paste）的操作方式；一九八〇年加入蘋果公司，一九九三年升任副總裁兼首席科學家；一九九七年離開蘋果後曾在雅虎短期工作。已於二〇二〇年二月去世，享年七十四歲。

08 為什麼OKR會失敗？

當團隊第一次嘗試OKR，會犯一些常見的錯誤，我條列如下，希望你們可以避免重蹈覆轍。

一、設定後忘記

當人們無法達到他們的O時，通常是因為在季初設定了OKR，然後就忘得一乾二淨。在這三個月裡，你會被團隊成員的要求疲勞轟炸，執行長會寄給你一些你應該閱讀並整合的文章，你會收到客戶的抱怨……總有上百件吸引人的事情需要你花時間去做，但卻沒有一件能導致成功。我強烈建議將OKR加入每週團隊會議（如果有的話）和每週進度報告郵件中，每週調整信心度，討論升或降的原因。如果 OKR 設定之後就忘記，你會得不償失的。

二、每週目標改來改去

不要在季度中途變更 OKR。如果你發現你把它們設定得很糟糕，只有先吞下苦果，繼續追蹤，即使你知道你會做得比原先設定的 KR 好很多或差很多。你設定這個 O 是有原因的，對吧？那麼下次就利用學到的教訓設定得更好。沒有哪個團隊能在第一次就做到完美，半途改變會模糊焦點，讓團隊聚焦於 O 是 OKR 的全部重點。中途改變會使團隊不把 OKR 當回事，如果你早在前兩週確實有看到問題，可以改變，但改了之後就得堅持到底。

三、設太多 OKR

把公司絕對重要的事情設定出一組 OKR。人類的記憶力有限，在繁忙的日常活動中，當我們試圖找出在哪裡投注時間和精力時，我們需要一個簡單的工具來幫助我們確定優先順序。如果你設一組 OKR，你只有四件事要記住，並且把它們完美地填裝進單一的、遠大的願景裡面。

舉個例子，蜜雪兒（Michelle）的公司設定了五組 OKR。週一，當她要決定先做什麼的時候，她正在努力記住二十個最重要的事項，然後，她瀏覽了一長串的潛在專案清單，試圖將這些任務與公司要求的無數結果聯繫起來。此時，她被一通客服電話打斷了，電話打亂了她的思路，等她回過神來，她剛才在做什麼？如果她不回頭分析該做什麼，她可能會做任何最簡單的或她認為重要的事情。因為身為團隊領袖的你，無法區分輕重緩急，以至於你的員工在進行各式各樣的工作時，無法獲得動力或達成目標。陷在這種緊急情況與無止盡的任務清單泥沼中，如果你所期望的事情沒有發生，別感到驚訝。

另一個例子，沙恩（Shane）的公司只設定了一組 OKR。在一個繁忙的星期一，他試圖決定下一步該做什麼，他想：「好，我們這一季度的 OKR 就是要把免費用戶轉化成付費客戶。」他查看了一長串的專案清單，並決定著手開發追加銷售（Up-Sell）的模組。客服電話打斷了他，他回答了他們的問題，之後他問自己：「我剛才在幹嘛？」答案顯而易見。

不要為你所做的每件事都設定OKR，把它們留給重要的策略工作。如果無法選擇，請嘗試排序。你是否可以先做一些事情，讓另一項工作更有效？在花一大筆錢做廣告之前，你是否應該先改善客戶體驗？如果仍然行不通，試著把它們壓縮到可能的最小範圍，並按重要性排序。如此一來，希望蜜雪兒至少記得「最重要的O」。

四、把OKR用在微觀管理上

為什麼我們使用開放辦公室，儘管所有的研究都發現它們會降低生產力？如此管理者可以看到大家在工作。為什麼我們有進度會議和每週進度更新郵件？如此管理者可以確保大家在工作。當管理者試圖控制部屬所做的每一項活動時會發生什麼？管理者精疲力竭，員工厭煩、創意減少、生產力下降。如果你已經準備好結束這樣的循環，那麼OKR會是你正確的選擇。

試著設定O與KR，然後停止管理、開始領導，聘雇優秀員工，相信他們比你一個人更能想出較佳的戰術來達成公司目標。聘雇不同的團隊，可以迸發出你從未想過的點子。通用汽車設計部副總裁愛德華・威爾本（Edward T. Welburn）帶領通用汽車走出破產後，重振了通用汽車的活力，使老牌的彎刀至尊（Cutlass Supreme）到雪佛蘭伏特（Chevy Volt）的標誌性汽車煥然一新。但如果老闆坐在他的肩膀上指揮他該怎麼做，威爾本就不可能做到；如果他堅持自己設計每一款產品，他就不可能為通用汽車創造出那麼多重要的產品。無論老闆多麼出色，都無法獨自勝任。創造非凡的產品需要一個偉大的團隊，一個團隊需要被賦權，**並且**被賦予一個鼓舞人心的目標。

五、每個人同時執行OKR，但各彈各的調

隨著OKR逐漸被老牌公司和新創公司所採用，我不斷接到這樣的電話：「我們上一季啟用了OKR，但情況非常糟糕，現在我們很多團隊的領導者都拒絕使用。」啟用OKR最好的方法是從單一團隊開始，避免操之過急。如此，該團隊就能夠釐清公司文化與OKR方法的衝突之處。

我之前和一位科技界的老朋友聊天，他說：「OKR帶給我們許多干擾。」

我問：「為什麼？」

他說：「有的團隊訂定非常雄心勃勃的目標，有的團隊顯然刻意隱藏實力，設定很

容易達成的目標，因而造成部門之間的緊張。」

我們更深入地交談，似乎有些管理者運用OKR來賦權，有些管理者則用OKR進行微觀管理。當展開OKR工作時，要確保每個人步調一致，僅採用部分架構可能比根本沒有架構更糟糕。

準備好大大地失敗！

我們已經列出了五種你將來可以避免的失敗，現在，可以進一步品嚐嶄新且更多有趣的失敗了。什麼？你不喜歡這個想法？

讓我們面對現實吧：我們痛恨失敗。矽谷的每個人嘴巴上都說失敗為成功之母，但老實說，我們仍然不喜歡失敗。我們熱愛的是學習，失敗是我們學習的代價。OKR並不是為了讓我們自己在命中目標時感覺良好，而是讓一個組織學習其真正能力之所在。如果我們說，我們沒有達到我們設定的目標，但我們單季業績創下了有史以來的新高，這算失敗嗎？如果我們說，我們沒能推出新產品，但發現我們的一些生產方法已經過時，我們正在修正它們，這算失敗嗎？「失敗」對延伸性目標也可以有正面意義。OKR的目的是促使大家做到比自認能力所及更多的事情，並從經驗中學習。如果你目標遠大想要登陸月球，你可能無法在第一次嘗試時就成功，但有時我們會有魔鬼氈、麥克筆和即溶飲料一路同行。[1]經歷了幾次有意義的失敗，我們甚至可以抵達沒人曾經到過的地方。

常見的OKR錯誤

由於我協助過許多團隊導入OKR，有過無數次很棒的對話，談論他們所面臨的挑戰，有許多常見的錯誤導致OKR失敗。我定義失敗的類型有三種：沒有做到任何一項OKR、做到所有的OKR，或者OKR流程對公司業務沒有產生有用的影響。

- **每季設定太多目標**

試著只設定一個目標。你會想要OKR非常清晰地烙印在公司每個人的腦海中，如果你設定了五個目標，那是不可能達到的。

谷歌公司可能會需要很多個OKR，因為他們經營搜尋引擎以及瀏覽器，並試著切入社群軟體以及開發自駕車。想像一下如果他們只設定單一的O：「讓所有產品都具有超強的社交能力」，那群開發自駕車的團隊可能會打造出「夥計」（Kitt，電視影集《霹靂遊俠》中那輛會說話的車），一輛具人性會跟你成為朋友的車。會社交的車可能很炫，但可能不是市場所想要的。因此，如果你在好幾個差異極大的市場裡經營大不相同的業務，針對每個市場/業務你都需要設定一組不同的OKR。

也就是說，大部分的公司（以及所有的新創公司）受益於單一且大膽的OKR來統合並指引工作方向。

---

1. 譯註：一九六九年阿波羅11號載著人類首次登陸月球，全球矚目。傳言，魔鬼氈（Velcro）、麥克筆（Sharpies）和即溶飲料（Tang）都是美國太空總署（NASA）特意挑選給太空人使用的隨身物品，在登月過程中發揮了意想不到的效果。請參見克雷格·尼爾森（Craig Nelson）所著《火箭人》（*Rocket Men*）一書，企鵝出版集團（Penguin Group）於二〇一〇年出版。

●只設定為期一週或是一個月的 OKR

我並不完全認同，一家新創公司在達成產品市場契合前應該採行 OKR，除非所設定的 O 是「尋找產品市場契合」。若你無法設定超過一週的目標，你可能還沒準備好使用 OKR。若你真的已達成產品市場契合，那就承諾長達三個月的目標吧。畢竟，有什麼真正大膽的事情能在少於這個時間內達成？可以在一週內完成的事情，頂多只能算是一項任務罷了。

●設定指標導向的 O

這是許多 MBA 的敗筆。你愛數字，你愛錢，每個人都愛，不是嗎？OKR 能將跨專業的團隊緊密結合，其中包含敢於夢想的設計師、追求理想的工程師和善體人意的客服人員。O 必須要能鼓舞人心、一呼百應，才能召喚夥伴們一躍而起，準備好面對新的一天及新的挑戰。

●沒有設定信心度

我聽過許多公司的故事，他們期望 KR 的達成率為七〇%，所以團隊會刻意把兩個

KR設得很簡單，再把另一個設得像不可能的任務一樣困難。朋友們，這樣就搞錯重點了。OKR旨在鼓勵設定高難度的目標，讓你可以了解自己真正的實力為何。

設定五／十的信心度，代表有五〇％的機會達成目標，那才是自我延伸。

● **沒有追蹤信心度的變化**

沒有什麼事比在每季的最後一個月，才突然意識到忘了關注OKR來得更糟糕。每當資訊更新時就要記錄變化。適時提醒團隊他們的信心度停留在五已經很久了，並提供協助。

● **在週一把四方陣表當作進度報告使用，而非對話**

討論那些需要討論的事。優先事項是否真能推動KR？即將執行專案的規劃藍圖需要協調嗎？團隊的健康狀態如何？為什麼？

● **週五太過嚴肅**

我們整個星期已對自己和彼此很嚴厲，週五就讓我們來杯啤酒，為已經取得的成就乾杯。特別是，假如我們無法達成全部的 KR，那就為設定遠大目標所完成的一切感到驕傲。

09 OKR輔導案例：量化工程部對銷售的貢獻

作者：OKRs.com 網站負責人班・拉莫（Ben Lamorte）

班・拉莫輔導企業領導人定義出他們最重要的目標，並制訂可測量的進度。他已協助數十個組織培訓了上百名經理人。想了解更多關於班的訊息，請參見www.OKRs.com網站。在此篇短文中，他示範了如何指導他人設定出好的OKR。

讓我們看一段摘自真實的OKR指導課程實錄，來闡明透過自己建立OKR（而不是由執行長決定）的方式指導部門主管如何能顯著提高OKR的品質和效果。這是節錄自一家大型軟體公司工程團隊的指導課程。

工程部副總：我的主要目的是幫助業務團隊達成目標。

OKR 教練：在本季度末，我們要如何知道工程部是否有幫助業務部達成目標？

工程部副總：嗯，這是一個好問題（停頓思考中）。

OKR 教練：那好，你能從過去一年內曾經下單過的客戶中挑出一位為例，說出工程部在銷售流程中做出了哪些明確的貢獻嗎？

工程部副總：事實上我還真沒辦法。不過那會是值得去記錄下來的資料。我們對協助業務部拿下訂單的貢獻並沒有那麼直接，比較像是我們同心協力維護潛在客戶。

工程部副總接著提議了下列 KR：

「在第二季度中為五個主要潛在客戶提供銷售支援」

「在第二季度末之前為銷售團隊開發培訓系統」

儘管這兩句陳述是有方向性的但卻無法測量。讓我們看看 OKR 教練是如何來協助工程部副總將之轉換成可測量的 KR。

敘述1：「在第二季中為五個主要潛在客戶提供銷售支援」

OKR教練：主要和次要潛在客戶之間有明顯的區別嗎（釐清模稜兩可之處）？

工程部副總：似乎沒有。

OKR教練：你和業務部副總是否同意「主要潛在客戶」的定義（確保各部門之間的定義是**一致的**）？

工程部副總：讓我們用「預期第一年可達十萬美元以上業績的潛在客戶」來取代「主要潛在客戶」，然後由業務部副總來執行這個定義。

OKR教練：你是否有盤點了過去支援銷售活動的紀錄（確認是否有歷史數據，以便知道此KR是可測量的）？

工程部副總：沒有。

OKR教練：工程部提供銷售支援，預期的結果是什麼（探究實現目標的預期結果，聚焦在**成果而非任務上**）？

工程部副總：結果是，要嘛讓銷售過程持續下去，要嘛就是生意沒了。

OKR 教練：如果支援五個銷售拜訪的結果都失敗，我們算是有達成目標嗎（界定情況，以確保**標準一致**）？

工程部副總：不算。當我們由於技術上的原因而失去生意時，那就不算成功。或許我們應該定義為「提供銷售支援給十萬美元以上的潛在客戶，因技術原因而不考慮我們產品者，不超過三家。」

OKR 教練：儘管修改的方向是正確的，但KR卻被框定成負面表述。我建議這個目標可以採用下列正面框定的版本：取得「技術合格率」的基準。例如，如果我們拜訪十個十萬美元以上的潛在客戶，其中有八個客戶沒有對技術提出異議，讓銷售過程得以持續下去，那麼技術合格率就是八〇%（確保KR是**正面的**）。

工程部副總喜歡追蹤技術合格率的想法，經過這次的OKR指導課程，工程部副總同意與業務部副總確認，用技術合格率來量化工程部對銷售的貢獻程度，是一個有用的指標。

第三部

OKR實務應用

01 首次導入 OKR

如果你已經準備好實施 OKR，你會想要事先做好導入計畫。假設你已經受過訓練（或做了研究），同時每個成員都了解並參與 OKR，請務必謹慎選擇進入第一個 OKR 週期的方法。

你第一次嘗試執行 OKR 週期時很可能會失敗。這種情況相當危險，因為團隊可能會對此方法的幻想破滅而不願意再嘗試。你也不希望只是因為需要多花一些時間去駕馭它，就失去一個強大的工具。

有下列三種方法可以讓你用來降低這種風險：

一、在公司全面實施之前，先讓**一個團隊**採用ＯＫＲ。挑選出一個具備全方位技能，可以獨立達成目標的團隊。不要選一個不健全的團隊；要選擇一個健康、高效、熱愛持續改善的團隊。等待一到兩個週期，直到他們完善自己的方法，然後大肆宣揚他們的成功，其他團隊將會渴望體驗和宣布同樣的成功，並將更願意採用ＯＫＲ。多年來，這已經證明是採用ＯＫＲ最成功的方法。

二、整個公司只從一組ＯＫＲ開始。藉由為公司設定單一目標，你的團隊會看到管理階層以高標準鞭策自己。當下個季度要求他們同樣採取高標準時，也就不足為奇了。並且，捨棄逐級下達，不僅簡化了導入工作，**並且可以**看到哪個小組將他們的工作對焦到ＯＫＲ，以及誰還需要輔導。如果你的公司相對較小需要聚焦，這是一個很好的方法。

三、將ＯＫＲ應用到專案上作為開始，訓練大家有「Ｏ與ＫＲ」導向的思維。每當你有提案的時候，先自問：「這個專案的Ｏ是什麼？」和「我們如何知道我們是否成功了？」這種方法適用於那些不習慣數據導向的公司。一旦人們學會了藉由測量他們的影響來評估日常活動，那麼你就可以引入ＯＫＲ，作為整個公司推動策略的一種方式。

從小處著手，聚焦學習OKR在組織中的運作方式，可以增加公司採用基於成果這種方法的機會，減少團隊幻想破滅的危險。

不要試圖立刻在公司全面實施OKR

過去六年協助許多公司採用OKR以來，我不斷遇到同樣的狀況。我接起電話聽到：「我們嘗試了OKR但結果很糟，團隊們不想再用它了。」我已經說過，OKR既簡單又困難，如同跑馬拉松也是既簡單又困難。不要試著一步登天，而要逐步踏實。

Format.com的裘裘・亞歷山卓夫（Jojo Alexandroff）寄了郵件給我：「我們首次實施時犯了一個根本的錯誤，那就是馬上推展到整個團隊。因此，我們有公司層級的OKR、團隊層級的OKR和個人層級的OKR。哇，真是一團亂！」

我對我的讀者們進行了調查，收到了二百五十筆回覆。讀者告訴我他們掙扎的情況跟我在當顧問時所看到的一模一樣：公司試圖用OKR一步到位。然後，它減緩了生產力並使公司所有人感到沮喪。最好從小規模試行開始，並避免下面這些問題：後勤團隊很難跟公司的OKR保持一致。這是有道理的，因為財務、人力資源及客戶服務和公司維持正常運作更加息息相關。在嘗試使用OKR的最初幾個月，最好讓後勤團隊專注於健康指標，而不必去管OKR。

- 後勤團隊很難跟公司的OKR保持一致。這是有道理的，因為財務、人力資源及客戶服務和公司維持正常運作更加息息相關。在嘗試使用OKR的最初幾個月，最好讓後勤團隊專注於健康指標，而不必去管OKR。
- OKR軟體通常與公司的營運節奏不吻合。我建議在OKR運行順利之前不要投資在軟體上。然後，你可以找到支援你們流程的軟體，而不是試圖把自己擠進別人認為應該如何運轉的想法中。
- 很難判斷哪些KR是好的成功指標。很多公司希望使用OKR之後，變得更加以數據為依歸，但卻恰好相反。你必須先了解哪些指標是重要的，然後再決定哪些指標是你要加強的、哪些指標是你要維繫的。
- 「OKR帶來太多工作了，像是設定、討論、協商、定案……等，變得令人難以負荷。原本花在實際營運工作上的時間必須挪來研擬 OKR。」裘裘確切指出了任何新方法所帶來的最大危機：流程膨脹。

把事情簡單化

Format 這家公司如何讓自己擺脫困境？透過簡化。「所以，現在我們有了一個簡單的高層目標試算表，每個團隊也有自己的目標試算表。我們試著確保所有團隊的目標與公司的高層目標保持一致。」

有一句古老的義大利諺語 *Il meglio è l'inimico del bene*，意思是「至善者，善之敵」（The best is the enemy of the good）。許多採用 OKR 的公司都希望做到完美，但是，完美是一種幻覺，它使你無法從可以成長的簡單起點開始。問問自己「哪裡是展開成功旅程的最小可能起點？」然後從那裡開始，在經驗中學習，再嘗試下一步。這樣會比較慢，但也會更好更強健，並獲得更大的回報。

但願文化改變像購買軟體一樣容易就好了！如果這是真的，那麼我們一打開

Microsoft Word 就都會成為偉大的小說家。改變就像是一場馬拉松，透過鍛練結果思維和衡量對公司的衝擊作為熱身，然後平穩地設定更艱鉅更大膽的目標，並信任你的團隊去找出實現目標的方法。

02

OKR在產品上的應用

作者：GatherContent產品總監安格斯・愛德華森（Angus Edwardson）

在GatherContent，我們以幾種不同的方式來應用OKR，並於過去幾年來，用它做了各種實驗。

我們已將OKR作為全公司的工具，以確保每個人對焦的重點一致，並讓每個部門自主運用，還為了鼓勵個人發展，把它運用在個別員工上。

不過，將OKR用在專案團隊的專案上，才是最持續有效的應用。在GatherContent，公司要求每一位新產品功能的提案人，必須勾勒出一個清晰的O和一組

KR，以便更加了解我們為什麼要做這件工作，以及我們希望它如何成功。

處在產品生命週期的中心

在GatherContent，我們嘗試去降低新功能的複雜性，直到有一個我們認為值得推出的最簡可行產品為止。我們的專案團隊使用看板系統（Kanban），這是一種用於排程管理（Scheduling）的敏捷開發方法。使用看板系統，所有潛在的專案都列在牆上，當開發人員將它們從「待辦」移到「執行中」再到「完成」後，再移到下一階段。

當我的團隊準備好啟動一個新專案時，我們會把那個最可行產品從一長串的清單中拉出，並投入開發。

所有規劃藍圖上的最可行產品會被陳列在看板系統卡片上，其中的必填欄位包含標準化說明、需求以及任何額外的附註和草圖。

這個架構可以讓專案團隊跟其他部門輕鬆地溝通下一步要做什麼，並確保工作可以順利地進入開發階段。我們同時也納入該專案的O，以及我們希望衡量O是否達成的

KR。

將OKR納入看板系統卡片中，可迫使團隊在建構任何東西之前，先回答兩個重要的問題：

一、我們試圖用這個功能來實現什麼？

二、我們如何衡量成敗？

我們卡片的架構如下。我們把「O」改用語意上稍有不同的「假設」，這是為了鼓勵使用更具實驗性的方法來進行產品開發。我們用「我們認為這會實現」來取代「這會實現」的說法，然後來驗證我們的假設是否成立，這讓我們感覺像科學家一樣。

訂定前期作業邏輯：

在這個情境下使用OKR的價值，不僅在於一開始能藉由明確溝通的邏輯，來界定所有功能範圍，更為我們工作流程中的其他部分，帶來了巨大的好處。

安排工作優先順序：

這些 OKR 明顯的用途是，讓我們可以根據預期的影響程度，來排定規劃藍圖上工作的優先順序。這代表我們能夠依據營業目標來排定我們的工作優先順序。

連接產品和企業的 O：

如果將 O 設為提高新客戶的活躍率，那麼我們可以優先排定我們認為對該部分影響最大的功能。這是一個很好的例子，把公司營運和各部門的 OKR 對應起來，使大家愉快地對焦。

團隊徹底協同合作：

人們總愛談論下一步該怎麼做。儘管和公司成員圍繞著規劃藍圖進行討論是很棒的事，但若沒有按照架構討論，會很容易陷入僵局，因為每個人都偏愛自己最熟悉的領域。能夠快速地說明功能背後的商業邏輯和其所處的前後位置，可以讓這些對話更有效率（也不會過於情緒化）。

如果有人認為某些事物更具價值，你可以簡單地和他們討論為什麼認為它有價值

（假設），以及它真正的價值有多大（KR），這可以促進有建設性的協作。

評量與學習：

衡量可量化的目標，其最大效益是幫助我們評估成果，更重要的是，從這些成果中學習。

我們用一個簡單的試算表來追蹤所有已發表的最可行產品的KR，並定期檢視，以便了解我們可以從中學到什麼。過去，我們一直在苦惱何時應該測量成果，現在，我們已經開始為每次的OKR評量設定期限。

期限一到，我們蒐集成果，所有人就聚在一起討論任何不一致的地方、意外結果或其他學習到的東西。

將OKR加到看板系統卡片上，使我們能夠更好地排定優先順序、更快地學習、更有效地溝通。這也是養成溝通習慣的好方法，溝通我們為什麼正在做進行中的工作。

03 如何召開一場設定季度OKR的會議？

設定OKR是困難的，它牽涉到對公司的仔細檢視，以及對公司選擇未來發展方向的激烈爭辯。為獲得最佳成果，會議進行的每個環節都需要好好地精心設計，畢竟，你將在下一季度裡跟所設定的OKR形影不離。

會議的規模盡可能維持在十人以下，並由執行長發起，成員必須包含資深管理階層。與會人員禁止使用手機和電腦，這將有助於鼓勵大家快速進行並專注在會議上。

在會議開始前幾天，徵求所有員工提交他們心目中公司應該聚焦的O，並提醒他們公司的使命、正在執行中的策略以及年度的OKR（如果有的話）。記得要讓他們在很短的時間內完成，二十四小時應該就綽綽有餘，你不會想要放緩整個流程，況且，對一

家忙碌的公司而言，延遲就代表遙遙無期。

找一個人（顧問、部門主管、實習生）蒐集好所有的建議，並把最好和最多人寫的那些提議挑選出來。

空出四個半小時來開會：兩段各兩小時的會議，中場休息三十分鐘。

你的目標是：上半場就把會議完成。請務必聚焦！

每一位高階主管與會前，最好心中已經有一或兩個 O，先將員工所提出來最好的幾個 O 寫在便利貼上，再請高階主管加上他們的 O。建議準備各種不同尺寸的便利貼，並使用大尺寸的來寫 O，字寫得太擠或太小會不容易閱讀。

現在，讓團隊夥伴將便利貼貼在牆上，合併重複的項目，並嘗試尋找有無規律可以看出某些人所關心的其實是同一個特定目標，合併相似的O，將它堆疊排序，最後縮減到剩下三個。

討論、辯論、爭論、堆疊排序和挑選。

視你的團隊狀況而定，討論至此，有可能已經到了中場休息時間，或者只花了一個小時。

接下來，請所有管理階層的成員自由列舉（Freelist），他們所能想到用來測量O的指標。

這比腦力激盪更有效，能產生更好、更多樣的想法。盡可能給團隊更加寬裕的時間，或許多個十分鐘，你將有可能獲得更多有趣的點子。

然後，把密切相關的概念放在一起，這是另一種設計思考的技術，就是把內容相似的便利貼有系統地分類。如果有兩個人都寫了日均活躍用戶數，那就把這兩張便利貼疊在一起，這個指標就得到兩票。DAU、MAU、WAU[1]都是用戶參與度指標，可以把它們並排在一起。

最後，你可以用堆疊排序選出三種類型的指標。先用 X 代替 KR 的數字，例如「營收：X」、「獲取客戶數：X」或「日均活躍用戶數：X」。先討論衡量什麼比較容易，然後討論具體數值該設多少，再看看這是否為高難度目標，並逐一辯論每個難題。

依據經驗法則，我建議 KR 的設定可以有使用度指標、營收指標和滿意度指標；但是，對你的 O 而言，這顯然並非永遠是對的選擇。我們的目標是找到衡量成功的不同方法，以便在各個季度獲得持續性的成功。舉例來說，設定兩個營收指標，代表你可能在追求成功的路上採用了失衡的方法，只聚焦營收可能會導致員工操弄系統，並發展出可能會傷害留客率的短期手段。

接下來，為每個 KR 設定數值。務必確認它們每一個都是只有五〇％信心可以做到的「高難度」目標。讓大家互相挑戰，是否有人保留實力？是否有人打安全牌？是否有人魯莽躁進？現在是讓大家盡情辯論的時候，而不是等到整季過了一半才來馬後炮。

最後，花五分鐘檢視最終的 OKR。O 是否具備理想抱負並激勵人心？KR 設得合理嗎？會很難達成嗎？你們可以整整一個季度以此為奮鬥目標嗎？調整到大家覺得正確為止，然後就為此奮鬥吧。

你可以在下面的網頁中找到有用的表單：http://eleganthack.com/an-okr-worksheet。

1. 作者註：DAU、MAU、WAU分別代表：日均活躍用戶數（Daily Active Users, DAU）、月均活躍用戶數（Monthly Active Users, MAU）、週均活躍用戶數（Weekly Active Users, WAU）。

04 實行 OKR 的時機

如果已經準備要實行 OKR，你需要規劃好導入的時機。你的節奏應該是先完成一兩個成功的試行範例，接著再將 OKR 推展至全公司。

一、所有員工提交他們認為下一季度公司應該追求的 O，如此可以增加對 OKR 的認同度，並對公司文化的健康狀態提供有趣及深入的見解。不要給員工太長的時間提交想法，二十四小時應該就夠了。

二、管理階層利用半天的時間，討論員工所提出的 O，並從中選出一個，這值得多花些時間來進行辯論和妥協。然後如前所述，完成 KR 的設定。

我曾看過有些團隊用短短九十分鐘的會議就完成了 OKR 的設定。造成 OKR 設定緩慢的原因，包含延期會議、跳過會前準備工作或是遲遲不做出決議。這些人員問題值得管理階層注意，因為公司的目標就是公司的生命，需要全力投入！

三、高階主管們的功課：向他們的直屬下級介紹下季度的OKR，並讓他們制訂團隊的OKR。這也應該由部門主管及其團隊成員在兩小時的會議中完成，運作方式基本相同：自由列舉、歸類、堆疊排序、選擇。

四、執行長核准：正常大約花一個小時，如果有部門主管完全沒有抓對方向，就要再多花一些時間繼續討論。記得撥出一整天的時間，專心做好這件事情。

五、部門主管把公司和部門的OKR交給所轄團隊，並由他們發展自己的OKR。

六、舉行公司全員大會，由CEO討論為什麼該季度的OKR如此設定，並表揚幾個由下屬同仁設定、堪稱楷模的範例。同時，涵蓋上季度的OKR，並指出該季度的幾個關鍵成就。會議的進行要保持正面和堅定的基調。

每一季度都要保持上述標準節奏持續前行。如果你沒有辦法在兩週內設定出OKR，那表示你需要檢視自己的優先順序了。沒有什麼事比為公司設定一個讓大家團結一致去追尋的目標更重要！

季度結束前兩週

如果你已經規律地進行承諾會議與慶功宴，你應該可以在該季度結束前兩週，判定團隊已完成或搞砸本季度的OKR。不要欺騙自己，以為自己有魔法可以在最後兩週內完成，只有很偶然的奇蹟，才能幫助你在如此短的時間內達成如此艱難的目標，沒有理由拖延遲早都要做的事。

勇於承認自己沒有達成KR，或是承認KR設定得太容易達成。即使達成率只有八〇%也要慶祝，為在工作中學會的好事慶祝。記取所學，並應用到下一次的目標設定中。

OKR是一個持續改善和學習的循環，絕非只是在清單上打打勾的活動——如果你一個KR也沒達到，問問自己為什麼，然後做出修正；如果所有的KR都達成了，設定更難的目標，然後繼續前進——聚焦在學習、變得更聰明，以及每週五有更好的事情可以慶祝。

05 產品部門的OKR

作者：矽谷產品集團創辦人馬蒂・卡根（Marty Cagan）
在過去的三十年中，馬蒂・卡根受聘為高階主管，負責為世上最成功的公司定義與建構產品，包括惠普（HP）、網景（Netscape）、美國線上（AOL）和eBay。

OKR是一個非常通用的工具，組織中的任何人、任何角色都能使用，甚至可以用在你的個人生活中。然而，如同任何工具一樣，也要考量應用的最佳方式。OKR已經取得相當大的成功，尤其是在科技產品組織內部（不論規模大小），都可以見到在團隊和組織努力改善執行能力的過程中，已經學到了一些重要的經驗。

在產品組織中的核心組織概念是**專案團隊**（又稱持久專案團隊、專業專案團隊、敏捷專案團隊或特別小組）。專案團隊是一組跨職能的專業人員，通常由產品經理、產品設計師和少數幾位工程師組成。有時團隊也會加入其他特殊專長人員，例如數據科學家、用戶研究員或自動化測試工程師。每個專案團隊通常負責公司產品上市或技術的某些特別重要部分，例如，一個產品小組可能負責行動裝置應用程式，另一個可能負責安全技術，還有另一個可能負責搜尋技術，依此類推。

關鍵是這些擁有不同技能的人通常來自公司不同職能的部門，但他們每天從早到晚坐在一起，跟跨職能團隊共同解決困難的商務和技術問題。在較具規模的組織中，擁有二十到五十個這種跨職能的專案團隊並不罕見，每個專案團隊負責不同的領域，並有各自的目標。如你所料，這些團隊正是透過 OKR 來溝通和追蹤他們所必須處理的問題，OKR 還有助於確保每個團隊都跟公司的目標契合。此外，隨著組織規模的擴大，OKR 成為愈來愈必要的工具，不只可以確保每個專案團隊了解他們如何為公司整體做出貢獻，還能跨團隊協調，以避免重複工作。

說明這一點很重要的原因是，當組織剛開始使用 OKR 時，普遍傾向讓每個職能部門為自己的組織創建自己的 OKR。例如，設計部門可能會有與進階到響應式設計

（Responsive Design）相關的 O；工程部門可能會有與改善架構的可擴展性與性能相關的 O；此外，品管部門可能會有與測試和發行自動化相關的 O。

問題在於，每個職能部門的**個人**都是跨職能專案團隊的實際成員。專案團隊具有與公司業務相關的 O（例如，降低獲取客戶的成本，或增加日均活躍用戶數，或者減少新客戶加入的時間），但是團隊中的每個成員，可能都有來自部門主管、逐級而下、屬於他們自己的 O。

想像一下，如果工程師被告知要花時間去重新設計平台，而設計師則被告知要進階到響應式設計，品保人員則要進行再加工等等。也許上述每一項工作都值得去做，但對於幫助跨職能團隊實際解決公司業務問題的機會不高。在這種情況下經常會發生的結果是，專案團隊的成員在時間分配上跟原屬部門的工作產生衝突，導致領導階層和個人貢獻者（Individual Contributors）都為此感到困惑、沮喪和失望。

但，這是很容易避免的。

如果你正想把 OKR 有效運用在產品組織上，關鍵在於將 OKR 聚焦在**專案團隊**這個層級。將每個成員的注意力聚焦在他們專案團隊的 O。如果不同的職能組織（例如設計、工程或品保）具有更大的O（例如響應式設計、技術負債[1]和測試自動化），則應在領導階層會議與其他營運相關的O放在一起討論並確定優先順序，再將其納入相關**專案團隊**的O。

要注意的是，對於職能部門的**主管**來說，設定和組織相關的個人目標不是問題，因為他們通常並不在專案團隊工作，所以不會產生衝突。例如，使用者經驗（UX）設計主管可能負責升級到響應式設計的策略；工程主管可能負責制訂管理技術負債相關的策略；產品管理主管可能負責提供產品願景；品保主管可能負責選擇自動化測試工具。

如果個人貢獻者（如某個專案工程師或設計師或產品經理）有少量與個人成長相關的O（如提升他們對某項專門技術的知識），通常也不是什麼大問題，只要個人的承諾沒有多到阻礙他們為專案團隊貢獻自己的能力——這當然是他們的主要責任。

關鍵在於，當產品組織採行層級式OKR時，需要從跨職能的專案團隊直接向上聯結到公司或事業單位的層級。

1. 譯註：技術負債（Technical Debt）又譯技術債，也稱為設計負債、程式碼負債，是程式設計及軟體工程中的一個比喻。指開發人員為了加速軟體開發，在應該採用最佳方案時進行了妥協，改用了短期內能加速軟體開發的方案，從而在未來給自己帶來的額外開發負擔。這種技術上的選擇，就像一筆債務一樣，雖然眼前看起來可以得到好處，但必須在未來償還。

06 「層級式」OKR與組織規模

如何避免過於緩慢的瀑布式（Waterfall）目標設定？從「層級式」（Cascading）OKR進展到「對焦式」（Aligning）OKR。

我最初是與新創公司合作並執行OKR，所以我在本書的第一版本中提倡層級式OKR。當你有一個二十人的團隊時，層層聯結OKR很簡單；但是，如果你是一家大公司，層級式OKR是無法完全擴展開來的。如同精實創業所提倡，必須改變自己以適應想要擁有快速迭代優勢的企業需求，OKR如果用在大型組織上，也需要做出改變。

當組織結構只有一或兩層時，單純的層級式OKR或許可行。管理階層設定公司的OKR，然後專案團隊可以設定自己的OKR，工程和設計可以跳過自己部門的

OKR，因為他們九九%的工作都是和其他團隊一起合作。

但是，當公司規模變大時，情況就不一樣了。我曾聽聞一家每況愈下的大公司新任執行長的故事（姑隱其名），這位執行長試圖用OKR來拯救公司。遺憾的是，她事必躬親，竟然花了一個月才核准所有部門主管的OKR。

我要清楚並大聲地說：OKR並非用於命令和控制。如果你想控制員工的活動，請不要使用OKR。唯有當你想引導你的員工朝向期望的結果，並給予足夠信任讓他們找出解決方法時，才使用OKR。OKR在被賦權的團隊中才能發揮效用，否則它只會是一種拙劣的模仿（想到大多數公司導入敏捷式管理時，也是採用拙劣的模仿方式，就不會那麼吃驚了，但仍不免感到沮喪）。

所以，你該怎麼做？

假設你已經有一個高效團隊能夠獨立完成小規模的試產；假設你針對企業文化已經調整了設定、檢視和評估流程；假設你知道自己在做什麼而且已準備好擴展，那麼被證明過有效的作法就是：信任你的團隊。

信任你的團隊會依據公司策略設定自己的OKR；信任你的團隊知道如何實現它

們。總而言之，信任你的團隊。

輸入不確定性圓錐（The Cone of Uncertainty）

你有一個使命——已確認。

你有一個策略想要實行——已確認。

你設定了一組年度 OKR——已確認。

現在，管理團隊設定了四個 O 和三個 KR：第一季度的 O 和其隨附的 KR，以及其他三個季度候選的 O，尚未有 KR。我推薦這種方法的原因有兩個：一是設定 KR 需要花很多時間，二是很難預測未來的組織需求。一九五八年，高瑞（J. M. Gorey）創建了不確定性圓錐這個詞，意思是，我們對未來的預測愈遠，我們的預測就愈不準確。但是，如果沒有長期目標，就很難制訂長期計畫並從回應型活動轉為策略型活動。我們透過為近程訂定具體目標，為未知的遠程訂定簡略的草案來解決此問題。

半成品策略（Half-Built Strategy）

二〇一〇年，智利的孔斯蒂圖西翁（Constitución）發生大地震。造成五百多人死亡，約八〇%的建築毀壞。

一家名為元素（Elemental）的建築師事務所受聘為這座城市做總體規劃，其中包括為在災難中流離失所的人們提供新住所，元素公司決定給人們半棟房子。

這些房子是簡單的兩層樓住家，每棟房子正中間有一道垂直的牆面，將房子一分為二。其中一邊機能完善可隨時搬進去住，另外一邊除了牆之外空無一物，有待居住者自行裝修。

建造一半的房子與OKR有什麼關係？它們是我所謂的「半成品策略」的靈感來源。

半成品策略遵循了不確定性圓錐對於做預測的警告，你為下一季度設定了一套完整的OKR，我們稱之為第一季度（通常也是），你確定了O和大約三個KR，你滿懷信心開始這個季度的工作，你設定的OKR雖然困難，但並非不可能。

但我們可以設定第二到第四季度的OKR嗎？可能不行，因為我們需要視第一季度

的進行情況而定。但相較於對未來沒有任何計畫，我們仍可以為接下來的三個季度草擬三個O。

為什麼不設KR？在我傳授OKR方法時，我發現KR通常比O難設定。在你們討論哪些是重要的指標以及是否可以使用它們時，會耗費不少時間。你投入的時間愈長，它對你就愈珍貴（宜家效應，IKEA Effect）。所以，運用「半成品策略」來設定四個季度的O和三個全用於第一季度的KR。我們仍有一個北極星指標作為努力的方向，但這可以很快地完成，因此團隊不會覺得自己在浪費時間制訂不可行的計畫，隨著每個季度蒐集更多數據，他們將更願意逐步完善計畫。

> 刻意讓策略留白可以促進組織的靈活度……凡事講求嚴格控制，高度依賴正式程序以及對一致性充滿熱情的組織，可能會失去實驗和創新的能力。
>
> ——安德魯・英克潘（Andrew Inkpen）和南丹・喬杜里（Nandan Choudhury），〈尋求尚未存在的策略：走向「策略留白理論」〉（The Seeking of Strategy Where It Is Not: Towards A Theory of Strategy Absence）

讓我們看看在現實生活中如何應用。假設有一家新創公司必須在二〇一八年第一季度展開 B 輪募資，而現在時間是二〇一六年第四季度末。為方便起見，我將其命名為 TinkWorks 公司。

首先，你選擇一套年度的 OKR，TinkWorks 的年度 O 是有關準備好 B 輪募資的工作，然後 TinkWorks 的執行長將為每個季度選擇一個 O，導向所期望的最終狀態：彰顯其大受市場歡迎進而募集資金。

想當然耳，你不會用有破洞的漏斗來將威士忌倒入隨身酒瓶，還期望能喝個痛快。同樣的理由，你也不會想要設定十幾個O。因此，TinkWorks聰明的執行長決定為每個季度賦予一個主題：Q1著重在客戶留存，Q2著重在客戶轉化，Q3著重在獲取客戶，Q4結束前，她就可以準備好募資簡報及路演。

現在，她有一個富有彈性的年度規劃藍圖，她接著把第一季度的O字斟句酌地確定下來，並與她的管理團隊一起選擇正確的KR，她跟團隊一起挑選完KR之後就大功告成了。

完成季度末的回顧後再決定新的KR，用意是在下一季度的OKR中，將上一季度所學習到的經驗考慮進去。例如，如果有更好的指標值得觀察，或者有些客戶留存的因素會影響客戶轉化策略，要讓選出的KR可以正確反映出來。選擇正確的指標和計算正確的增長量是很龐大的工作，最好及時完成。

你只需要剛好足夠的計畫來知道該做什麼和要觀察什麼，但不要過當而被困在一個糟糕的計畫中。

適當排序的O，也可以建立組織的學習進程。想像一下，一個團隊花了一個季度的時間日夜思考留客率的問題，下個季度他們則專注在轉化率上。你認為他們會把上一季度所做的事忘得一乾二淨嗎？不，客戶留存現在已成為公司 DNA 的一部分，如果需要持續監控，也可以將其設為一個健康指標。

上述方式應用在 TeaBee 會如何？

使命：將最棒的茶農與喜愛獨特美味好茶的顧客連結起來。

年度 O：拜 TeaBee 之賜，民眾在飽餐一頓之後，可望發現新的好茶。

KR：營收達到兩千萬美元的區域超過五個

KR：有提示的品牌知名度增加一〇%

KR：TeaBee 家用茶訂單需求不低於五百筆

Q1：讓西岸愛上 TeaBee

KR：洛杉磯、波特蘭和西雅圖的營收達一百萬美元

KR：五家餐廳的窗戶貼上「本店供應 TeaBee」的貼紙

KR：今年至少有一位早期使用者預訂 TeaBee 產品

Q2：讓紐約愛上 TeaBee

Q3：讓奧斯汀愛上 TeaBee

Q4：讓華盛頓特區愛上 TeaBee

當 TeaBee 從第一季度學習到經驗之後，即可靈活地變更第二到第四季度的 OKR。然而，對公司而言，分區擴張的概念相當清晰。

接下來，所有自給自足的團隊都可以設定他們的 OKR。這些都是自主的、被賦權的團隊，他們擁有所需的全部資源來進行工作，通常是有專屬設計及工程資源（根據公司的型態，還會有更多）的專案團隊。這些團隊可以和直屬主管來檢視和討論候選的 OKR。「檢視」的目的主要是讓主管分享從其他團隊的現況當中所得出的重要資訊，而

非「批准」。

也可以用同儕相互檢視的方式來代替。團隊與團隊之間可以彼此分享OKR並互相回饋，以提高對於團隊將要聚焦何處的認知。這個方式會鼓勵更多的自主性及較少層級的工作環境。

簡短和反覆地檢視流程

在公司的OKR完成設定的四十八小時內，公司其他單位也應該要能夠公布他們的OKR。我再說一遍：至善者，善之敵。一個簡短的檢視流程——儘可能在二十四小時內——可以讓團隊看到其他人正在做什麼，並據此調整自己的OKR或評論他人的OKR。任何人都可以評論其他人的OKR：這是一個讓全公司幫助公司內的每個人都變得更好的流程。我們一起成功，或者一事無成。當這個流程結束後，整個季度你都必須依照設定好的OKR執行工作，直到下個季度你才有機會調整，讓它變得更好，分析癱瘓（Analysis Paralysis）[1]時有所聞，關鍵是要有意識地避免它。開始在工作中執行

OKR吧，這樣你就能學習如何在下一次執行得更好。

當然，在你進行檢視時，可能會發現有些人跟你的團隊都在著手處理相同的問題，倒也無妨。我記得與谷歌關係事業GV創投（Google Ventures）合夥人肯・諾頓（Ken Norton）聊到他剛加入谷歌時，谷歌已經是一家非常大的公司，他們看待重複工作的態度跟一般人的直覺想法不同：他們相信沒有辦法知道什麼團隊會成功以及如何成功，所以在你有更多樣的成功選擇前，不用擔心重複工作。我認為這是看待創新的正確方式：有成效比有效率來得更重要，追求效率會扼殺創新。

時程表看起來大致如下（現在，你對於一些步驟應該已經很熟悉了）：

- 在季度結束前兩週對OKR進行評分（最後兩週出現奇蹟式長傳達陣的可能性很低，除非你是在業務單位）。據此決定你下一季度的O是否應該用原來預設好的，或是做些修改，或是延續本季度的O再重來一次。
- 年度OKR通常由高階主管在辦公室外設定（基於聚焦的原因）。
- 在季度結束前兩週左右，由高階主管設定公司的OKR。一旦你抓到了OKR的訣竅，一場兩小時的會議就可以搞定了。但是在你剛開始應用時，請預留更多時間。我建議先排定三場各兩小時的會議，然後想著如果不需要開到三場的話，取消會議將是多麼美好的事！

- 在季度結束前一週公布公司的 OKR，各團隊和各部門接著設定自己的 OKR。
- 公布團隊和各部門的 OKR（如果部門有的話）。
- 簡短的檢視期。
- 簡短的修改期。
- 在新季度的第一天就鳴槍起跑，向新季度的 O 邁進。

這是推展 OKR 且不讓公司每一季度都產生停滯的唯一方法，你還需要勇敢去做下列事情：

1. 譯註：分析癱瘓指的是個人或團體因為過度分析或過度思考，而導致行動或決策被癱瘓，始終未能「起而行」。

一、雇用好的人才
二、設定明確且基於結果的目標
三、放棄掌控達成公司目標的戰術
四、相信你的團隊
如果你對於員工沒有足夠的信任，OKR終究不會有太大的幫助。

07 OKR和產品組合

在大型公司中，你需要弄清楚哪些人需要使用OKR，哪些人不需要。有些單位導入OKR會掙扎抗拒，有些則會蓬勃發展。我看到最抗拒的三個單位分別是服務團隊、營收穩定的團隊以及個人。

讓我們從公司的產品組合開始。波士頓顧問公司（Boston Consulting Group, BCG）有一個實用的二乘二矩陣令我一再回顧。[1]你所有的產品都應該歸屬於其中一個象限，這些象限都應該導入OKR嗎？針對每一個象限你應該採取什麼作法呢？

我設計了4Es產品組合圖[2]幫助你思考哪些人需要OKR，哪些人只需要用KPI就夠了。

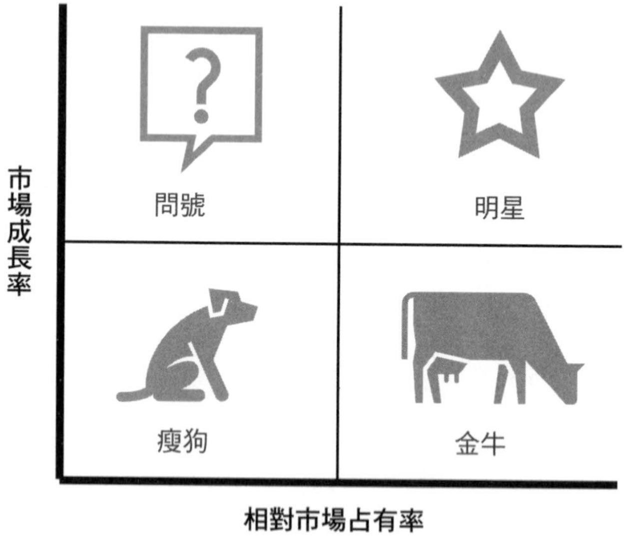

1. 作者註：波士頓顧問公司產品組合
金牛圖示來自於 Noun Project 網站的 Laymik
瘦狗圖示來自於 Noun Project 網站的 Luis Prado
明星圖示來自於 Noun Project 網站的 Three Six Five
問號圖示來自於 Noun Project 網站的 Icon Lauk

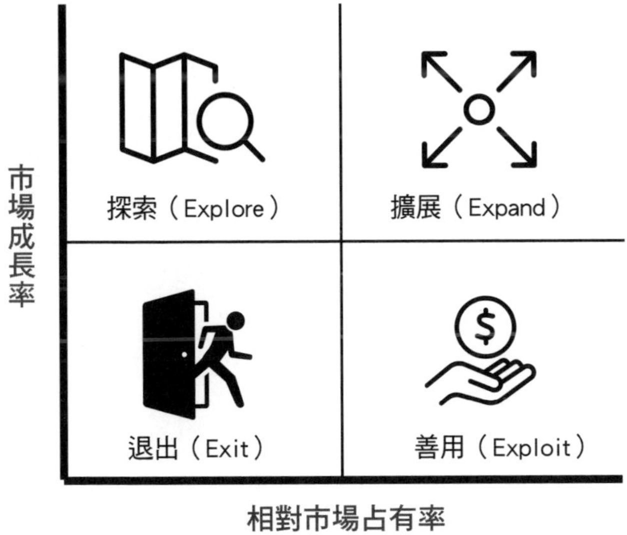

2. 作者註：
探索圖示來自於 Noun Project 網站的 The Icon Z
擴展圖示來自於 Noun Project 網站的 Sevgenjory
退出圖示來自於 Noun Project 網站的 Adrien Coquet
善用圖示來自於 Noun Project 網站的 Max Hancock

問號：是指你沒有很多（或任何）產品的市場，但它卻發瘋似地持續成長，想想嬰兒潮市場或幾年前的中國。對於此象限，你可以使用探索性和假設性 OKR（請參閱「非常規 OKR」一章）。

明星：代表擴展（Expand）中的市場。你已經獲得成功，並且產品和服務已在市場占有一席之地，是時候看看市場可以成長到什麼地步了！你會想要在這裡使用傳統的 OKR。

金牛：代表產品市占率已經飽和，你已經找不到任何成長的方法，但它仍持續賺錢。如果確實沒有任何方法讓這個市場成長，就不要將 OKR 套用在這些單位上，否則這只會令人沮喪。

瘦狗：成功的產品處於衰退中的市場，該是退出的時候了，別要求該團隊使用 OKR，而是嘗試盡可能地自動化並停止提供資金。

那麼，為什麼我們不能把 OKR 用在市場已經萎縮的產品上呢？如果你要求人們去做不可能的事，並將他們的報酬跟績效綁在一起，你將會得到不好的結果。第一，被要求去做不可能的事情會令人沮喪；第二，如果報酬跟績效綁在一起，他們就會作弊並嘗試去玩弄系統。

下列兩家公司有什麼共同點？

- 富國銀行（Wells Fargo）
- 福斯汽車（VW）

兩家公司的高階主管都設定了不可能的目標，不容拒絕。他們都將薪酬（甚至續聘）與達成不可能實現的目標綁在一起，這確實導向了利潤……直到有人發現事有蹊蹺。

在二〇〇〇年代初期，富國銀行發起了一項名為「追求美好」（Going for Gr-Eight）[3]的交叉銷售活動（順便說一句，給予不可能的行動一個可愛的名字是無濟於事的），從櫃員到區經理每個人都有獎勵方案；有一些分行，員工在達成目標前甚至無法回家！

儘管在二〇一三年，開始有報導稱「追求美好」活動導致員工從事非法的行為，例如未經許可就為客戶開戶或申辦信用卡。隨著醜聞的消息傳出，富國銀行因違反道德規範而解雇了約五百人，進行了道德培訓，並告訴員工不能開假帳戶……但他們沒有改變「追求美好」的目標。所以，作弊行為持續在進行。最終，當監管機構對富國銀行進行稽核時，他們發現了兩百萬個假帳戶和信用卡，並以詐騙方式向客戶出售服務。

> 在由上而下的企業文化中，不接受「不」或「做不到」的回答，自然會產生欺騙和掩飾的副產品，一旦把此類文化和過去制訂的高明策略是萬年可行的信念相結合，將注定種下敗因。
>
> ——艾美．艾德蒙森（Amy C. Edmondson），《心理安全感的力量：別讓沉默扼殺了你和團隊的未來！》（*The Fearless Organization: Creating Psychological Safety in the Workplace for Learning, Innovation, and Growth*）

福斯汽車在尋求乾淨柴油的過程中有著恐懼的文化和不可能實現的目標，工程師們決定寫出可以偵測到車輛是否正在接受排放檢測的程式……並暫時降低排放量。但當汽車回到路上時，它們排放出超過空氣污染規定四十倍的廢氣。

管經階層最好與團隊共同合作，想出一個對團隊合理的延伸性目標。短期利潤雖誘人，但員工盡他們最大努力所創造的長期利潤更香甜。

服務部門的掙扎

服務部門是支援專案團隊的單位，包括但不限於下列幾類：

- 工程（包含營運）
- 設計
- 法務

3. 譯註：「追求美好」是富國銀行的一項交叉銷售模式，要求客戶平均產品數達到八個，由於對老客戶交叉銷售，其支付成本僅為獲取新客戶的十分之一，活動成效頗佳，此一模式被同行視為典範，業界譽為「偉大的八個」。「Gr-Eight」在英文裡與「Great」諧音，既代表了「八個產品」，也可以代表「美好、偉大」，所以作者說這是「可愛的名字」。

- 客服
- 行銷
- 財務

上述服務部門可以根據他們預估完成支援專案團隊之後所剩餘的時間，決定是否針對他們想要改善的領域來設定 OKR，他們通常一週當中只有五%至二〇%的時間，能夠投入到自己的專案。當這個部門大到足以請求內部資源（如專案管理等）協助時，他們可以在覺得有需要時來設定 OKR。我建議**不要**在服務部門嘗試推行 OKR，除非你能掌控資源分配，並有足夠的人力成事。

假設我們談論的是在資源豐沛的大型公司裡的服務部門，這些服務團隊並**不**需要等待自給自足的專案團隊來設定他們的 OKR。如果服務團隊**不**清楚他們每週可以掌控多少時間，那這個團隊在設定任何 OKR 之前，應該要用時間記錄工具來測量其一整個季度的工作量。

有些部門，例如法務或財務，比起專案團隊更具有可預期的時程，他們不一定都需要 OKR，且可用健康指標來保持穩定的品質。

個人的 OKR

直接說不吧！

公司在使用個人 OKR 中掙扎多年之後，我認為是時候退出舞台了。個人 OKR 變成了令人沮喪的生產力微觀管理工具，用來榨出個人最後一絲力氣，直到被棄之不用、或損耗殆盡為止。人並非像機器的齒輪一樣，磨損了就換一個新的這般簡單，而是經由學習和成長，持續累積價值。他們廣泛的社群網路能讓公司從中獲益，他們擁有所屬工作領域的經驗及見解，而且他們將成為下一世代的領導者。你想要的是幫助成員盡情發揮潛能，而不是迫使他們精疲力盡、選擇離開。

許多領導者問我：「如果不使用 OKR 來做績效考核，我該怎麼做呢？」

在《自我管理的團隊》一書中，我提供一張簡單的指引表用於雇用、管理和評估個人工作表現，下面是一段簡要的摘錄。如果你剛晉升經理人或期望提升你個人的管理技能，你會發現《自我管理的團隊》這本書很有幫助。

步驟一：定義職位

為了針對某個職位有效地進行召募（內部或外部），你必須先了解這個職位。每個職位都可以從四個部分來看。

首先，描述這個職位的工作內容——目標和職責，以及這個職位的必備知識——技能及市場知識。

職責代表任何一項工作的常態活動，例如：經理人必須編列和管理預算、指導直屬下級，並讓上級主管隨時掌握工作進度。

每個職位也被賦予了需要達成的目標並對焦到公司OKR。由於職位目標隨著公司目標而改變，你永遠不會知道這個職位需要實現的所有目標，但是你應該對短期目標有所了解。例如：組成一個新團隊？建置新的效率標準？發展創新策略？確保你的目標——無論是否使用行業術語——足夠具體，一旦你的新員工達成時，你馬上就知道。

如果是「發展創新策略」，問問你自己：那看起來會像什麼？退場機制是什麼？我如何知道有多成功？模糊不清的目標是取得進展的障礙。

員工必須具備市場知識和該職位所需的技能，以便履行職責和達成被賦予的目標。**市場知識**指的是應徵者對公司經營的領域有多了解，例如：商業、醫療保健和教育。**技能**指的是完成工作所需具備的硬能力（Hard Skills）和軟能力（Soft Skills），例如：從 **Python** 程式語言到團隊協作能力。我把技能和職責放在一起是因為他們通常是相互依存的。在你的公司，應徵者可能得用 Excel 來做財務分析，或者只要能交出成果，公司根本不在乎使用什麼軟體。把它們放在一起，有助於你決定在職缺敘述中所要強調的重點：做什麼或如何做。

我建議先盡可能自由列舉出該職位所需具備的技能，再將它們堆疊排序，然後畫一條線把必備技能和加分技能區隔開來。

如何運用職位指引表

指引表是一張直觀的工作表，可以協助你對已知問題做全盤思考。我設計了一張簡單的職位指引表，你可以很容易地對應到一個職位的生命週期。其中已經包含了先前所提及的四個要素：目標、職責、技能和知識，外加一個列出問題的區域。

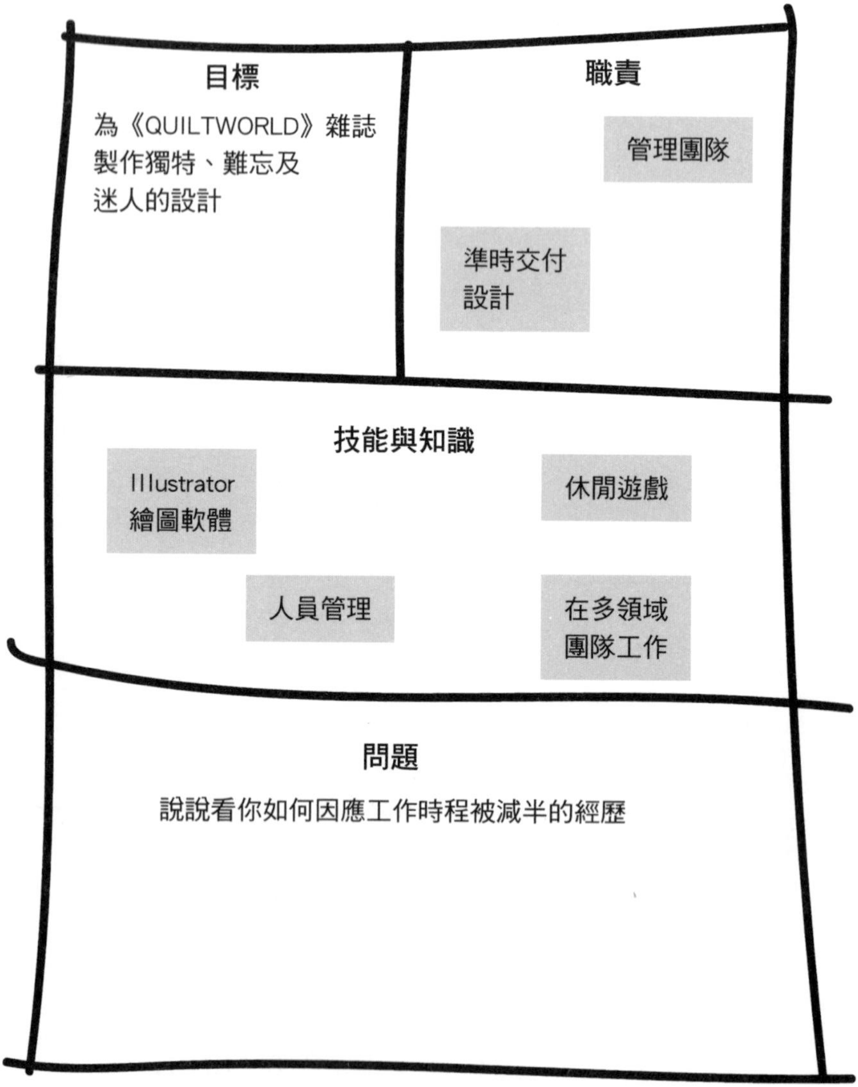
目標
為《QUILTWORLD》雜誌製作獨特、難忘及迷人的設計
職責
管理團隊
準時交付設計
技能與知識
Illustrator繪圖軟體
休閒遊戲
人員管理
在多領域團隊工作
問題
說說看你如何因應工作時程被減半的經歷

經過你仔細地針對這個職位所需具備的條件完成堆疊排序之後，拿著你所得出的一長串清單，我們將進一步排定優先順序。

在目標這個區塊，放一到三個目標就好。最好放一個清楚表達的宏大目標，能夠讓你聚焦在召募上。我知道你想召募到神奇獨角獸並許下一百個願望，但更重要的是，找到一個能夠完成最重要事情的人。

目標範例：

- 組建一個內部設計團隊
- 為工程部門導入敏捷流程
- 為我們的產品組合建立新的產品類別

假如未來擔任這個職位的員工，能對公司或專案團隊的OKR做出貢獻，你反而會希望把公司或專案團隊的O放到這個區塊，然後你就可以追蹤其對OKR的貢獻。

知識指的是該職位應該熟悉的市場屬性。醫療保健？電子商務？挑選一到三個知識領域。

知識範例：

- 熟悉電子商務流程的最佳作法
- 了解社群網路動態
- 至少五年網路銀行經驗

當敘述工作職責時，不要列出一長串的清單，試著刪減到最重要的五個即可。畢竟一週工時只有四十個小時，多數人喜歡有充足的睡眠和家庭生活，先寫下最關鍵的職責，如果條件允許再加入其他工作。如果不行，至少完成了最重要的事情。

職責範例：

- 雇用、培訓和解雇直屬下級
- 追蹤和改善指標

‧維護程式庫

在列出職責的當下，你可能也在思考履行該職責所需的關鍵技能。為了有效地進行面試，以及告知對方你接下來想針對哪些訓練提供補助，明確地寫下這些技能是有所幫助的。

技能範例：

‧簡報軟體 Photoshop
‧程式開發框架 Django
‧試算表 Excel
‧可用性實務
‧模式庫運用
‧多工作業

如你所見，技能是包羅萬象的，從軟體到軟能力都有。

現在，你對這個職位的敘述已經涵蓋了最關鍵的要素，但並非詳盡無遺，以至於挪不出空間來容納令人驚豔且又有趣的斜槓技能（Orthogonal Skills）。你可能找到一位知道如何剪輯影片的行銷人員，你也可能找來一位對於可用性有很強直覺的程式設計師。人往往多才多藝又有趣，留一個空間給出人意料的應徵者是有幫助的。

你會有更多元化的應徵者。研究顯示，[4] 除非百分之百符合資格，否則女性不會去應徵該份工作，但男性只要六〇%達標便會去應徵。如果你只列出應徵者絕對必備的技能，將會有更多應徵者供你選擇。

步驟二：面試和雇用

面談之前，仔細看一下你的職位指引表，然後問問自己：「我要如何知道？」你如何知道他們是否具有這項技能？你如何知道他們可以達成目標？你如何知道他們是否可以履行職責？

答案通常是：「跟我說一個故事……」

當然，你可以問他們說：「你是否擅長處理衝突？」如果他們誠實回答，可能會說「不」，但他們更可能會說「是的」，畢竟這是一場攸關工作的面試。

所以不如換個方式問：「說說看你和你的團隊經歷某一次衝突時的情況」，這樣既能避免猜忌，也可提供你做資歷查核之用。在職位指引表的最下方寫下你的問題，以作為評估應徵者的指南。

步驟三：使用職位指引表進行管理

在每週的一對一談話之前，先檢視一下職位指引表，看看他們是不是朝著有助於達成公司ＯＫＲ這個目標有所進展？他們有履行職責嗎？他們是否具備完成工作所需的知識和技能？

現在，挑選最重要的主題進行討論。或許是他們如何協助團隊達成所設定的

---

4. 作者註：泰拉．索菲亞．摩爾（Mohr, Tara Sophia），〈為什麼女性在一○○%符合條件下才申請工作？〉，《哈佛商業評論》。https://hbr.org/2014/08/why-women-dont-apply-for-jobs-unless-theyre-100-qualified

ＯＫＲ，但往往可能是你從另一位團隊成員得到的回饋，或是你認為他們需要學習的一項技能。把要討論的主題及任何重要的細節寫下來，不要相信記憶，它可能會受到情緒干擾。

試著列出一到三項即可，只列一項是最好的。記住，你們每週都會見面，討論的事項愈少愈好，同時確保你保留五〇％或更多的時間來處理部屬所帶來的議題。

可以考慮邊散步邊談，而不是一直坐在會議室裡。這會讓溝通更容易，也更放鬆，這也能讓你們離開這棟建築物。可以從問一個彼此共有的興趣這種自在的私人問題作為開場，像是運動或休閒娛樂。如果你不知道他們關心什麼，就問吧！當我們都能以人性的觀點彼此了解，才能把工作做到最好。

回到辦公室後，花個五分鐘把剛才對話中的重點註記下來。如果喜歡用紙張，可以用便利貼一層層地貼在職位指引表的底部；如果喜歡數位化，就註記在同一個文件上並打上日期，以便每個季度進行對話時可以快速查看。每個季度使用一張新的指引表，才不會多到難以閱讀。

步驟四：使用職位指引表來進行評估和反饋

時至今日，我對於「績效考核」這個詞仍感到不舒服。當我任職於雅虎時，由於團隊可能會對評估的結果感到沮喪，導致工作陷入停滯，因此我不得不加班來處理任何在績效考核期間進行的專案。我還記得在其他地方工作時，每年主管會一次性羅列出所有我犯的錯誤，這會讓我倉皇失措並考慮另謀高就。你可以把它重新命名為季度的「對話」或是「反思」，但名稱不是問題；如果你仍然以傳統的方式進行績效考核，這才是問題。如果你是經理人，你最好學習如何恰當地提供回饋意見。

縱使你仍然採用年度績效考核，記得每個季度都要提供回饋意見。藉由迅速釐清問題和加強正面行為，可以讓你和直屬下級一整年都有成長的機會。千萬不要拿公司既定的排程為藉口，而不去進行這場困難卻又必要的對話。

季度績效考核包括兩個部分：準備與交付。絕對不要略過準備的工作，光憑記憶是不可靠的，你要做足功課以便提出公正的回饋。

檢視每週進度報告以及你在每週的一對一會談中的註記，記錄出現正面和負面行為的次數，找出行為模式，決定什麼是重要的，而什麼是瑣碎的。

想像一間設計公司裡面，有一個團隊喜歡在下午邊工作邊聽音樂。團隊當中有某個成員習慣性地搶著播放，以便聽他自己喜歡的音樂，這種行為，讓比較內向又不願與他發生衝突的同事們感到不快；同一位設計師還有一個壞習慣——在簡報會議中打斷客戶的發言。其中一個問題至關重要，必須在績效評估時正式地提出來；另一個問題對團隊的健康狀態相當重要，但或許可採用不同的方式來處理，像是製作曲目表並從中選擇音樂播放。

每個問題都應該得到解決，但並非所有級別的問題都要在績效評估時討論。如果你給某人一大堆回饋意見，會讓他們難以負荷並置之不理。針對你想解決的問題，只要挑出最重要的兩、三個，甚至一個就好。然後再決定你要如何解決其餘的問題（如果有的話）。有些事情可以在一對一談話中討論；有些事情則可以透過整個團隊來解決；還有些事情根本就不值得一提。沒有人是完美的，主管的工作並非讓每個人變得完美。身為主管，要能找出阻礙團隊健康狀態和執行能力的問題。

同樣地，記得找機會讚美同事。儘管著名的「三明治批評法」（Sh*t Sandwich）這種在兩句讚美中夾帶一句批評的作法，已經被證明行不通（不妨查一下），你還是會想要確保人們知道有人賞識他們。他們在會議中也許聽不進你說的話，尤其是當他們在情緒上受到你的回饋影響時，所以，記得要寫下你的重點並交給他們。

有幾個季度可能無處可供挑剔，那是好事，就別在雞蛋裡挑骨頭了。然而，若找不到值得讚賞的地方，那就不妙了。考慮一下是否真的想要留下勉強堪任的人在身邊，這樣的人傾向於設定低標，使用季度績效評估要求他們提升表現。

績效評估日

在開始前至少留十五分鐘把你的註記看過一遍，並讓自己處於正確的心態。

什麼是正確的心態？你是來提供幫助的，你的工作是幫助整個團隊。在為團隊服務的過程中，你是來幫助這個人盡其所能地成為最好的隊友，你會讚賞他們的強項！你會指正他們的弱點，你會做為他們的後盾。

你不是去懲罰他們，也不是帶給他們壞消息，你就像高爾夫或網球教練一樣，糾正某些不良姿勢。行為脫序不代表他們是壞人，只是需要有人幫忙找出問題並改正而已。

最重要的是，你是來聆聽的。不要被看穿你只是來說該說的話，根本聽不進別人說的話。

你需要聆聽，以便做出真實且恰當的反應。你的目的不是告訴他們對或錯，而是指出他們對團隊的貢獻存在哪些問題，了解他們對目前情況的看法，並請他們提出解決之道。唯有聆聽才能理解問題所在。

第一次進行教練式績效考核時，你會需要明確地說出你是來提供幫助的。每當我走進一場評估會議時，我都會感到害怕，有太多經理人會刻意在此時擺出強硬姿態，即使那有違本性。透過明確地表示你是來幫助部屬發揮潛力，你就可以開始建立信任，隨著時間的累積，這種信任將會往雙方面同時發展。

在對話尾聲，詢問部屬是否對你的回饋風格或領導方式有任何建議。第一次績效評估時，他們可能不知道要說什麼，請他們思考並於之後的一對一談話中告訴你。假以時日，這會變成一個教學相長的習慣。你的工作會愈來愈上手，同時也會感到安心自在。

最後，將一切記錄下來，光靠記憶是很容易出錯的。

08

OKR和年度考核

作者：OKR平台Workboard執行長黛卓．派克納德（Deidre Paknad）

Workboard使OKR容易運作與持續，將目標帶入人們的日常工作重點，並提供持續和跨組織的透明度。

過去十年間，商業目標因為被私心自用而失去了魔力。對個人生活而言，它們是一種抱負、重要決策的驅動力並提供方向；但在職場上，尤其是在大企業，有三分之二的人認為除了以工換酬外，跟其他的事幾乎無關。此一最強大的激勵和滿足感的來源，已經從許多大型組織中消失——從個人和領導者需要發展自我、團隊和企業的工具組合中剔除。

靠績效評估來驅動目標，而非用目標驅動企業績效時，目標就變成專為年度考核而建立。當員工簽了一年有保障的勞動契約後，目標會變得模糊，績效要求也就降低了。當業務量快速增加，年度目標會與實際的業務無法連結且愈加淡化，這現象在年輕的公司和大公司都會發生，因為目標是執行長所訂定而非來自於團隊的討論。因此，這些目標無法協助員工做好每日工作、擬訂正確的決策並產出對目標有幫助的成果。

如何恢復目標的魔力

先從調整目標架構做起，讓目標脫離績效考核，使它能激勵並強化團隊，也就是說從組織內改變目標設定的模式、節奏和呈現方式。結合雄心勃勃的近期目標、積極的量化指標、每週執行且當責（Accountability）的節奏，達到又快又好的成果，避免又慢又差的結果。與老派保守的目標管理不同，這些是動態且在每天工作中真實地鼓舞著大家。它們善用了我們追求卓越結果的自由意志，並以更快的節奏產出更多的成果和滿足感。距離魔力僅五步之遙：

一、用目標來定義和驅動成功

目標要能奏效，必須能夠鼓舞人心並抓住我們追求卓越的企圖心。它們應該能為每個團隊擘劃出偉大勝利的藍圖，隨時可以讓大家團結在一起，而不只是一次性地集結。設定具體目標，將可提高每個人的貢獻，並提供日常執行的焦點。藉由定義清晰的短期目標和衡量指標，你就確定了優先順序，並讓員工聚焦於最有價值的活動（領導者很容易高估成員理解目標的能力——只有七％的人真正理解！）。

二、拋棄陳舊的目標模式，改用放大成果的作法

OKR這類的技術可以幫助公司達成最佳**可能性**的成果，而非最高**機率**的成果。這種方法結合了大膽且有抱負的陳述，以及能夠反映極好結果的KR指標。OKR為組織中的每個人提供**清晰的**努力方向，讓他們知道自己要實現什麼，以及應該把時間花在哪裡——OKR是決勝關鍵。傳統的方法鼓勵人們把結果的上限定得很低，而OKR則透過移除上限並聚焦在最佳可能結果。當你用OKR將可能性最大化時，記得將OKR

與績效考核脫鉤。

三、即時成效管理

OKR的成敗取決於執行過程中每個短期目標（和業績）的成果，也就是說，每一週的成果對當季的成敗都至關重要。隨著公司業務加速發展，領導者不能等到月考核和季考核時才來檢視團隊是否分心、出現無法克服的障礙或迷失了方向。藉由即時追蹤目標和持續揭露執行成果，你可以幫助團隊持續專注目標、輕鬆預測成果並推動當責制。

四、讓目標像電子郵件一樣呈現

你的團隊成員應該要能夠在三秒內找到自己和團隊的目標以及目標的進度。這是一般在收件匣找到最新一封郵件所需要的時間——讓你的目標可以贏取他人的時間和注意力。我們的研究表明，高績效人士開始每天的工作時都會先審視他們的目標，然後有意識地根據目標分配時間。如果你想成為一個聚焦目標的團隊，那麼就要讓**你的成員**每天更容易地聚焦到目標上頭。

五、目標需兼顧從上而下及由下而上

傳統的層級組織現今已難發揮作用，聚焦在跨層級協作和領導的團隊將更敏捷也更容易成功。在一個巨大的組織中，目標管理如果只是從上而下，會失去很多機會，甚至可能失去整個市場。組織之中，人才和好點子無所不在，讓他們盡情發揮，組織的發展將會無可限量。與其假設主管什麼都懂，凡事僵化地逐級下達，不如在目標上尋求共識，這樣才不會扼殺創新，才能順利推展更廣泛的策略。

如何評估績效、升職與調薪？

用持續的對話來指導並調整，取代一次性的績效考核。每月至少兩次的一對一談話，談話內容可包含三件事：參與度、績效表現及協作能力。我們用五分制來評估，並建議主管和員工各自分享彼此的觀點，這樣就可快速解決認知差距。到了年底，員工就累積了二十四次的對話，每一次都是他們自我成長和自我認知的好機會——這對於建立職能和改善績效更加有效。考核很簡單，因為績效已經分享，不會有意外，只不過是一系列績效對話中的一個罷了。

09 追蹤及評估OKR

在季度結束的兩週前，是時候對你的OKR進行評分，並為下一個週期進行計畫了。畢竟，你想在下一季度的第一天就開始雷厲風行，不是嗎？

有兩種常見的OKR管理系統：預估信心度（Confidence Ratings）和結果計分制（Grading），兩者各有優劣。先從我心目中首選的預估信心度開始談起，預估信心度是一種簡單的系統，最適合新創公司和規模較小的團隊，或者是剛開始採用OKR的組織。當你決定好O和三個KR時，你會設定具有難度的數字，達成的信心度為五〇％，通常在四方陣表上用五／十的信心度來標示。

接著，在週一承諾會議上，每個人都來報告他們的信心度是否改變以及產生什麼樣的變化。這並非科學，而是藝術。你不希望同事們浪費時間去追蹤每一個數據以給出一個完美的答案；你只想確保努力的方向是正確的。開始實行OKR的前幾週，並不容易知道在達成KR上是否有所進展，但是到了第三或第四週的時侯，就可以很清楚地知道你離目標是愈來愈近或是漸行漸遠。當每位團隊領導者（如果是小型公司，則為團隊成員）開始感到有信心時，就會著手調整信心度。

然後，隨著進度或挫折的出現，信心度將開始急劇上下波動。最終，在經過了大約兩個月的時間，信心度會穩定在可能的結果上。距季度結束兩週前，你通常可以判定OKR的結果了。如果這些目標真的非常困難，也就是你只有五五波的機會達成，在最後兩週內不會有任何奇蹟可以改變結果。你愈早判定成果，就愈早可以制訂下一季度的計畫並開始下一個週期。

採行預估信心度法有雙重的優點。首先，因為團隊必須經常地調整信心度，所以不會忘記自己所設的OKR。因為信心度是一種短暫的自我審視，快速又不痛苦，是讓年輕公司養成追蹤成功此一習慣的關鍵。第二個優點是這種方法可以帶動一些關鍵對話。如果信心度下降，其他主管也可以詢問為什麼會發生這種情況，並腦力激盪出改善的對策。OKR是由團隊共同設定並分享其結果，任何團隊成員的停滯都將對整個公司構成威脅，領導者應該放心地把失去信心度的情況告知領導團隊，並知道自己將得到幫助。

在季度結束的兩週前，你將信心度標記為十或〇，三個KR中有兩個達標就算是成功。這種評量方式使我們加倍努力於可能的目標，並放棄距離目標明顯遙不可及的工作。好處是，我們不會浪費時間在不可能達成之事，而專注於可以做到的事情。然而，缺點就是某些人為了保留實力，因而設定一個簡單的目標，身為管理者必須要留意這一點。

評量OKR執行成效的第二種方法是結果計分制。使用這種方法最有名的公司就是谷歌。在季度末，團隊和個人將會蒐集資料並對成果進行計分，〇・〇的分數表示結果為失敗，一・〇則表示結果為圓滿成功，而大多數的結果應落在〇・六到〇・七。關於使用OKR的方法，在谷歌的官方網站「re:Work」中提到：

OKR的甜蜜點最好是落在六〇%到七〇%，得分較低可能代表組織沒有發揮足夠的實力，得分高則代表期望目標設得不夠難。以谷歌的〇・〇到一・〇分來看，在

> 所有的OKR中都期望能得到平均〇・六至〇・七分，對OKR的新手組織來說，容忍令人不舒服的目標「失敗」，本身就令人不舒服。

班・拉莫（Ben Lamorte）是一位教練，他協助大型組織導入並持續執行它們的OKR專案。他較常使用的是結果計分制而不是預估信心度的方法。在他的文章〈OKR計分簡史〉（A Brief History of Scoring Objectives and Key Results）中，他寫道：

> 作為一名OKR教練，我發現大多數實施計分系統的組織，要就只在季度末或者在季度內幾個時段對KR計分。但是，他們通常不在決定KR的時候一併設定計分標準。如果你想要使用標準化的計分系統，那就必須將每個KR的計分標準一同定義。在團隊尚未對計分標準形成共識之前，我並不認為KR已經確定。計分的結果是「・三」或「・七」並無太大意義，除非我們可以用文字來敘述這些數字所代表的意義。我提供一些定義分數的準則，我的客戶發現它們非常有用，以下範例顯示了KR預先設定好計分標準的威力：

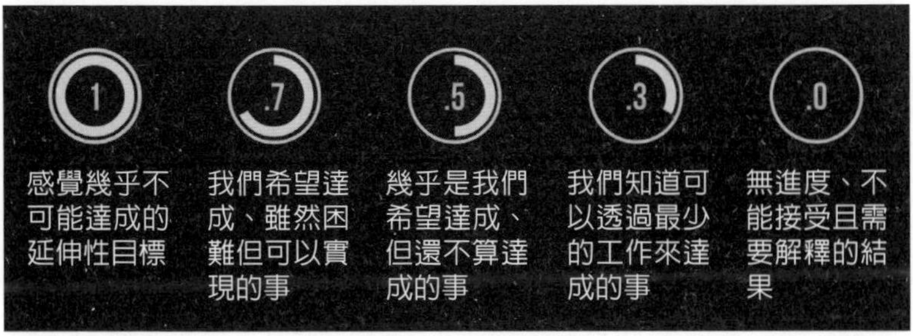
1
感覺幾乎不可能達成的延伸性目標
.7
我們希望達成、雖然困難但可以實現的事
.5
幾乎是我們希望達成、但還不算達成的事
.3
我們知道可以透過最少的工作來達成的事
.0
無進度、不能接受且需要解釋的結果

KR：在第三季度結束前，新產品ABC上市，並且有十位活躍用戶

○．三分：三位內部用戶測試過原型

○．七分：原型經過測試並獲得承認且訂出第四季度上市日期

一．○分：產品上市並有十位活躍用戶

這樣的設定將使成員們開始討論理想與現實的差距。研發團隊可能會說，即使要達到○．三的分數也是有困難的。在決定好KR之前，進行這些對話可確保所有人從一開始就有相同的共識。

除了精確度，谷歌還非常重視透明度。不只所有的OKR（包括個人和團隊）都會在內部網路上公布，團隊的進展也會在整個內部分享。再次，「re:Work」中提到：

> 公開評比組織的OKR。在谷歌內，組織的OKR通常進行年度和季度的分享和評分。在年初時，召開一場全公司的會議，公布上一年度的OKR分數，並分享新一年度以及接下來這一季度的OKR。然後，公司每季度開會審查得分並設置新的OKR，在這些公司會議上，每個OKR的負責人（通常是相關團隊的主管）需要解釋為什麼會得到這個分數以及下一季度將如何調整。

此外，「re:Work」對設定後忘記的危險提出警示：

> 全季檢視。在為OKR的執行成效打分數之前，如果能對所有層級的OKR進行一場期中檢視，將有助於個人和團隊了解他們是否有朝著目標前行，而一場季末檢視也能用來作為最終評分前的準備。

不同的團隊採取的作法也不相同——有些會進行期中檢視，有如期中成績；有些則每月檢視。谷歌一直採行一種方法，聘請聰明的人，給他們一個目標，然後任由他們獨自完成。隨著他們的發展，OKR的實施或許參差不齊，但是OKR幫助此一理念得以存續。

班・拉莫還分享了一種讓OKR進度隨時可見的簡單技巧：進度海報。他的幾個客戶在走廊上設置了海報，並隨著進度定期更新，這不僅使OKR在整個團隊中更加透明和可見，而且可以有效地傳達KR的分數並真正建立更多的責任感。當季度已過了一個月，而你的團隊還沒有更新任何分數，看起來就不妙了。這些海報大多數都包含一個預留區域，在全季四到八次的計畫檢視時，用來更新分數。當然，OKR海報並非適用於所有組織，但在某些情況下它們會非常有效。

無論你使用預估信心度或正式的結果計分制（或兩者結合使用），來自「re:Work」的最後一條建議極為重要，需牢記於心：

> OKR並不是績效評估的同義詞，這代表OKR並不是評估個人（或組織）的綜合手段。相反地，它們可以用於個人近期的工作總結，並可以展現其對更高層組織

OKR的貢獻和影響。

用每個人的成就來訂定獎金和加薪。如果你使用本書中描述的進度報告系統，每個人都應該很容易回顧其工作，並針對他們的成就寫下簡短總結。該報告可以指導你進行績效考核對話，身為主管最重要的是對員工所做出的貢獻以及尚未做出的貢獻進行真正的對話，這些事情不應該被自動化。

如果依靠OKR的結果來引導你的決定，會鼓勵保留實力者並懲罰最大的夢想家。獎勵的依據應該是人們做了什麼，而非他們在系統中得分有多高。

10 非常規 OKR

多年來，我與數家公司合作過，並注意到他們面臨的挑戰中，某些模式需要採用不同的方法來設定 OKR。我與客戶共同創建了 OKR 的新「風味」，以支持這些工作，同時確保 OKR 仍以結果為導向。

某些組織若不清楚自己所為何事，就會糾結在目標設定上；其他組織則對何時停止探索並開始加倍投入於策略性方向感到疑惑；也有許多組織為長期發展而苦苦掙扎，例如在金融公司或生技公司所見。

以下是我開發的三種通用型 OKR，幫助公司用於：發展的早期階段、驗證策略性方向的中期階段，以及致力於重大工作之前的最後階段。

探索性 OKR

無論是外部創業還是內部創業，在進行開創性活動時，通常都難以採用 OKR。OKR 最初的設計是用來開拓發揮——在事先明確定義的高潛力事業中驅動績效——而不是探索未知的可能性。探索性 OKR 非常適合早期階段的新創公司或研發/創新團隊。

探索性 OKR 是我個人生活中最早使用 OKR 的方式之一。如果你看過我的演講〈實踐家的寓言故事〉（The Executioners Tale），就看過下面這組 OKR：

O：財務穩定、保持健康、做喜歡的工作
KR：在三個月內賺取三萬美元，做那些即使沒有報酬我也願意做的工作
KR：做好預算管理來預測支出
KR：零胃酸逆流、零背痛

在上述這組 OKR 裡，我正在設想：我想看到的最終狀態、對其量化、進行大量實

驗，試圖達到快樂又健康的狀態。

我曾嘗試在新創公司、付費演講、Clarity 諮詢服務公司（透過電話提供建議）擔任顧問，以及在 GA 培訓公司的夜間班級執教。我了解到我喜歡什麼，什麼能讓我保持健康，以及做什麼事能賺到足夠的錢來過我想要的生活。我把我的努力和結果透過電子郵件發給我的教練，他幫助我釐清這一切，我可以將我目前在史丹佛的生活直接追溯到這組 OKR。

在 TeaBee 成立之初，漢娜試圖說服傑克把餐廳供應商作為一個潛在市場來開發，探索性 OKR 可以使其運作更順暢。

在商業環境中，如果你有一些很酷的新技術並且需要為它找到市場（我覺得，這可能是成立新創公司最困難的方式），那麼探索性 OKR 是一種有用又可靠的方法。假設你是一名研究人員，並且想出了一種方法，可以在文字無法表達時快速地在電子郵件中繪製圖片。你發明了這項技術來解決自己的癢點（Scratch Your Own Itch）：通常，你會覺得只用文字來解釋概念難免詞不達意，所以會希望快速地用圖形來表達。但是還有誰也有這個問題呢？你喜歡你的產品，而且也想知道還有誰可以使用它。

這裡有個適合內部創業的OKR例子（和以往一樣，我使用「X」來代表實際數量，要知道實際數量是需要進行大量討論和市場研究的）：

O：我們的電子郵件繪圖工具是市場上不可或缺的

KR：X筆預購訂單

KR：簽訂三筆B2B交易

KR：X位測試用戶

設錯也沒關係。因為你幾乎猜不到要做些什麼才能達到目標，數字也不一定要是對的。這種OKR更像是北極星一樣，提醒你正在嘗試做什麼，並提醒你每週要試著衡量你的成功。開發初期總是膠著的，很容易被相鄰的亮點迷惑。

在遊戲開發中，我們稱其為「在荒野中遊蕩」。通常，遊戲的唯一目標是永遠難以捉摸的「樂趣」，糾結之處在於如何讓夠多的人獲得樂趣，使這款遊戲值得開發。

O：目標市場認為我們的遊戲很有趣

KR：測試玩家熱切地推薦三個朋友測試遊戲

KR：在遊戲測試中，有八〇%的玩家完成了遊戲

KR：三〇%的玩家以「預售價」購買遊戲

當新的聲光效果太容易令人感到興奮，設置一組探索性 OKR 可確保你聚焦於自己的目標，它會提醒你，這是為你的客戶和你的事業而做的，而不僅僅是為了好玩。

隨著 TeaBee 的成長，並募集了 B 輪資金，漢娜和傑克討論他們將如何擴展事業：傑克仍然鍾情於零售店；漢娜不同意，因為開零售店將所費不貲，她擱置並建議訂閱制服務。拉斐爾無意間聽到了他們的爭論，並問傑克和漢娜各持的論點為何。

傑克說：「我們可以為喝茶的客人創造一種體驗，就像星巴克或菲爾茲咖啡！我們可以建立一個強大的品牌，並增加留客率和營收！」

漢娜說：「開零售店既困難又花錢，訂閱制容易得多。我們仍然可以透過很棒的開

箱體驗以及美味的茶來提高品牌意識和忠誠度！」

拉斐爾說：「在我看來，你們似乎有共同的目標：與喝茶的客人建立直接關係。我們做B2C已經有一小段時間，你們確定了嗎？」

漢娜回答：「當然。我們現在過於受供應商的擺布。第二個營收來源，特別是提供與茶飲客戶的直接關係，將為公司創造更多的彈性。」

傑克點點頭。然後，三人提出了他們的探索性OKR。

O：找到一種與茶飲客戶有直接關係的方法

KR：TeaBee 有提示品牌識別度為七／十

KR：預購額五千美元

KR：推廣郵件的開信率為十二％

現在，他們可以腦力激盪出其他方法來達到目標，而不再爭論各自的偏愛。本季度剩餘時間裡，他們將圍繞各種戰術進行小型、多領域、團隊合作的實驗，以獲取想要達到的數字。他們可能會做一個小型的快閃茶坊；他們可能設計一個註冊流程供消費者加入訂閱制服務；他們可能會快遞一些茶葉來測試宅配是否可行。這就是精實創業的方法：維持小規模以降低風險。這種 OKR 方法可以幫助任何早期階段的新創公司或內部創新工作。

如果他們的想法有一項確實可行呢？下一步是什麼？

假設性 OKR

探索性 OKR 有助於發現產品與市場契合的初步線索，並且可能導出如何執行遠大策略目標的強力假設，但不要馬上一頭栽入。既然我們已經為下一步重大事項挑選了不錯的腹案，我們就會想測試它是否真的會成為重大事項。

假設性 OKR 可以用來獲取所需資料，以證明你是在正確的軌道上，或需要進行轉型。在假設性 OKR 中，O 是關於成功狀態的假設，而 KR 則是用來證明 O 是否為真的指標，如果達成了 KR，則可以向自己和投資者證明你具備了產品市場契合。

運作方式如下，O是價值主張，應包括目標市場。例如：

- 會計人員對我們的自動分類系統感到開心
- 設計師無法想像，沒有我們的可用性錯誤偵測演算法，要如何設計介面
- 產品經理在使用我們的議程軟體（Agendaware）時就愛上了開會

KR是指如果價值主張為真，市場會有什麼樣的反應。這可以包括：

- 業績／營收
- 來自競爭對手的客戶數
- 願意向同儕推薦你的軟體
- 太監軟體（Vaporware）[1]預付款

謹防像是淨推薦值或電子郵件註冊數等這樣的「弱指標」，沒有人會跟自己的錢開玩笑。

我不想把「如何使新創公司成功」的所有內容都套用進來，也就是說，如果你已經進行了市場研究且對你的市場占有率有所了解，你應該能夠對 KR 設定拼湊出一個可信的猜測。即使你做不到，你愈早開始制訂比較基準，你就會愈早理解影響你的指標。練習預測可以培養你對市場的直覺。

例如：品牌 X 已從 B2B 轉型為 B2C

O：客戶熱愛我們的產品

KR：售出 X 單位（較高的數字）

KR：X 筆退貨（較低的數字）

KR：在 Y 銷售網站上獲得 X 筆四到五星評論

1. 譯註：太監軟體通常指的是一個瘋傳甚久，但最後卻沒有如期發行的軟體。中文有人直翻為「霧件」，也有人稱之為「太監軟體」，大概是跟「下面沒有了」這類的笑話有關。

若季度末沒有達成 OKR，未嘗不是一件好事，它告訴你這個市場是不可行的，或你的產品承諾被誇大了。分析這些結果，並做出決定：重新調整策略，或終止產品。

上個季度，TeaBee 的小型創新團隊嘗試了幾種方法。與原本預料的不同，訂閱制服務幾乎沒什麼人有興趣，漢娜認為，需要更多時間將這個消息傳出去。但茶坊的數字卻出乎意料地好。管理階層和創新團隊聚集在一起，討論什麼算是強烈的信號，可以讓他們進一步致力於這個想法。

TeaBee 的假設性 OKR

O：打造引人入勝的獨立茶坊體驗

KR：尖峰時段滿座

KR：外帶銷售額四萬美元

KR：知名評論網 Yelp 四顆星

快閃茶坊大獲成功，但是經營實體店得花不少錢，假設我們只開一家會如何？是否短期租賃？然後，我們需要花費多長時間證明有利可圖或者發現並非如此？決定結束一個專案（或一家公司）是相當困難的選擇，它打擊士氣，也導致客戶發出憤怒的電子郵件，更別提所有的錢都付諸東流！但是，如果你放緩腳步，過程中降低風險，你可能是下一個星巴克。

里程碑OKR：基於結果的里程碑

當你有一個大計畫時，你需要設置里程碑OKR：你能知道當前的努力是否朝向正確的方向，如此將會減少需要多季度專案的風險。如此反覆執行，如果有些工作不奏效，你就可以改變策略。

身處步調緩慢行業的公司經常在OKR的季度節奏中掙扎，所以我發明了里程碑OKR，用於持續幾個季度以上的工作。當我與一家從英國擴展到瑞士的墨西哥餐館老闆一起工作時，我想出了這個方法。他說，他有「不得不做的事情」，例如尋找門市位點，取得經營許可和雇用員工。OKR 如何提供幫助？

我問：「任何地點都可以嗎？」

他說：「不，必須在正確的地區、有足夠的人流量、停車場、公共交通工具……等等。」

我們提出了第二季度的里程碑 OKR：「準備好開業前的試營運。」上述的 KR 與地點好壞、員工素質等相關……如此他仍然可以嘗試不同的方法來獲得成功的里程碑，新的里程碑是關於可衡量的開業成績，第三季度則是關於下一家連鎖分店。

從那個案子後，里程碑 OKR 對研發、生物技術、金融和其他有較長開發週期的公司都很有效。一年的時間太長了，不能不進行檢視，所以里程碑是為了釐清正在進行的研究是為了什麼目的，以及成功是什麼模樣。這些里程碑 OKR 絕不是圍繞著我們要做什麼，而是關於我們要達到哪個境界，O 可能不會有太大變化，它通常是「完成某些新事物」。

KR是你想達成的指標，否則你可能需要終止這項工作。

以下是一份傳統里程碑清單，接著是里程碑 KR。

里程碑：建立新的 CPAP[2] 呼吸輕型面罩原型

里程碑 KR：新的 CPAP 呼吸輕型面罩原型於十位測試者中，有八位產生更好的睡眠

里程碑：完成二〇二二年的策略草案

里程碑 KR：二〇二二年的策略草案獲公司高層批准（這是一個延伸性目標）

里程碑：完成新的品保追蹤器資料庫（設定新的品保追蹤器工具為里程碑）

里程碑 KR：新的品保追蹤器資料庫得到利害關係人和該領域專家的認可

---

2. 譯註：Continuous Positive Airway Pressure，持續性正壓呼吸器，對於睡眠呼吸暫停症患者，一種非侵入性最佳的理療方式。

為了使人們將這些視為結果而不是產出，我允許你將其稱為MORKS。[3]它應該使一些會議活躍起來。

以下是TeaBee的OKR，我們使用「四個O與三個KR」的格式：

年度O：透過店內的茶飲消費體驗讓TeaBee粉絲驚豔

第一季度O：研究顯示有很強的市場定位

KR：市場規模為二千萬美元／年

KR：三%的餐廳顧客在我們開幕時預購了折扣禮券

KR：可實現至少二%的餐飲利潤

匯集清單

- 獲取當地星巴克的營業數字
- 免費樣品的市調
- 成本分析

• 更多快閃茶坊

第二季度 O：實驗性的快閃茶坊深受喜愛

（顯然，如果第一季度的 OKR 無法充分達標，這可以更改）

第三季度 O：為茶坊成功開張做好準備

第四季度 O：第一家茶坊開張

這是有做事和有效做事之間的區別。為了弄清楚你的 KR 應該是什麼，就要問自己：如果我們盡最大的能力來完成此里程碑，會發生什麼事？哪些外部跡象會表明我們做得很好？

沒有什麼比能對世界產生實質影響的團隊更令人陶醉。

3. 譯註：Milestone OKRs 的縮寫原為「MOKRs」，唯「MOKRs」不易發音，作者故意調換兩個字母順序，以「MORKS」代替，比較好記，也算是一種美式幽默。

OKR總是關乎結果

無論你想做什麼，怎麼做，OKR都可以幫助你把它做好。你可以從一個模糊的想法開始工作，譬如：「我想知道是否值得為小眾市場的奇書異典創建一家合作出版公司？」你可以再進一步，譬如：「我認識一群有這些出書想法的人，他們都有很好的追隨者，但是否足以謀生？」又或者你準備好努力做一些大事情，但為了一個（經過驗證的）預感而冒一年或更長時間的風險，這很可怕，譬如：「我想成立一個屹立不搖和具有影響力的出版集團。」

你希望你的工作具有影響力。那就不要只列出待辦事項，也不要只建立一個滿布任務的看板……決定你想要產生什麼樣的影響，然後朝著那個方向努力，全程衡量，只有這樣，你才知道何時該做出轉型，何時該退出，何時該加倍投入。運用來自現實世界的反饋，做出真正的改變。

不要只重產出，更要產生影響。

11 利用OKR增進組織內學習

當我們使用終極聚焦的方式時，OKR就是設計來加速組織內學習的工具。為詳細解釋，讓我介紹一下教育學家約翰・杜威（John Dewey）的學習理論，雖然是理論，我保證不會有害處。

學習的方式至少有三種途徑：我稱之為指令型（Instruction）、行動型（Action）與反思型（Reflection）。[1]這三種型式都很重要，但最重要卻最少被練習的是：反思型。

1. 譯註：美國教育學家約翰・杜威定義反思是一種有目的性的思考方式，檢視過去經驗並且改善學習行為的一種過程。

指令型

指令型學習就是我們一般想到的教學形式：公司主管聘請外部專家針對某一主題進行演講或系列講座、線上教育平台優達學城（Udacity）提供的線上課程，或者你買一本關於這個主題的書！指令型學習就是有人站在你面前對你說話，雖然有其用處，但它是迄今為止最弱的教育方式。

行動型

第二種教育方式是行動型——從做中學（Learning by Doing）。當學校老師要我們完成專題和論文的時候，你可能就熟悉這種方式了，行動型學習本質強大，因為它可以讓你與知識建立個人關係、學習實用技能。這正是心臟外科醫生和飛行員都需要在監督下實習數百小時，我們才認為他們合格的原因——書本上的知識往往是不夠的，比起指令型學習，從做中學所習得的技能更為深刻、記憶更長久。

反思型

幾乎每個人都忽略了最後一種學習方式：反思型。從經驗中學習，你必須反思已經發生什麼及它代表什麼。在教育方面，包括寫論文、問答及討論等形式（如果有位好老師，還會有更多形式）。

在精實創業方法中，學習也包含在內。你可以構建假設，然後測試並再次反思，以加速學習。如果ＯＫＲ以季度節奏執行，搭配每週檢視與季度計分，就是套用相同的反思型學習。你的ＯＫＲ設定了目標，以及為了實現目標而訂、僅僅是假設的優先事項（或任務列表、或規劃藍圖）。你要每週測試這些假設，然後在週五的檢視會中，反思之前的行動教了你什麼，並修正下週的方向。透過行動，反思型學習得以聚焦並引導行動式學習，你的假設會愈做愈好，也會達成更多目標。

季度末，你需要預留時間來反思。停下來，把過去三個月從ＯＫＲ中學習到的東西做個整理，並對你的工作評分。評分無關乎及不及格，相反地，評分的價值在於過程中與自己坦誠對話：「我們為什麼沒有做到這一點？我們為什麼做到了？我們學到了什麼？我們在哪裡保留了實力？我們在哪裡成長了？」

那些沒有放緩腳步從錯誤中學習的人，注定會重蹈覆轍。

不同規模組織的社群學習

當我們提到團隊時，常常把它們當成獨立的個體在談，並假設其所創造的學習成果只存在於團隊內部。事實上，在組織中並沒有任何人只隸屬一個團隊。工程部門主管拉斐爾，他屬於管理團隊、工程團隊以及規劃重構公司主要資料庫的專案團隊。在一家大型公司，可能有數十個或數百個成員重疊的團隊：管理團隊、設計團隊、業務團隊或為單一專案成立的團隊。漢娜與傑克的茶公司是一個由設計人員、業務人員、管理階層……等組成的團隊。即使是小型的新創公司也是由各種團隊組成，當公司成長，團隊的網路也隨之擴張。

因此，當某人與其他團隊有社群連結（Social Connections）時，會談到彼此的經驗。

拉斐爾見證過好幾個團隊的ＯＫＲ流程，並從每個團隊的反思中學習，然後他主張：把源自專案團隊的某個好點子應用到整個工程團隊；或把執行的想法在他部門的示範團隊中進行小規模的演練。我見過的每個快速學習、快速成長的團隊都會分享當下所學。在一個健康的組織中，每個人都樂於宣揚所學。

當公司大到無法讓每個人都參加週五的吹牛大會，你也可以建立一些正式的跨團隊學習活動。快速學習型公司通常會舉辦午餐學習會，讓各個團隊向所有到場的人做簡報（有了免費食物，人們樂於參加）。某人可以分享他們是如何解決棘手的ＫＲ；另一位可以大肆宣傳新市場的洞見；其他人可以分享基於工作難度、影響程度和信心度的匯集清單排序訣竅。最後，每個人都變得非常善於觀察學習，以及與他人談論哪些作法有效，跨團隊學習已融入每週的節奏中。

週五的進度報告郵件也以兩種主要方式建立了跨團隊學習。首先，發出每個人都會讀的簡短郵件（或者讓每個人可以在團隊通訊平台取得，如 Slack 頻道）。想知道客戶團隊的進度？閱讀他們的進度報告郵件，花三十秒你就會知道是否到了該去拜訪的時候。其次，有一個必定要閱讀進度報告郵件的人——老闆——知道誰赫然領悟了一個有用的見解，就可以鼓勵他在週五的吹牛大會或午餐學習會中分享。

每個人都在傳播有效的方法，並從無效的方法中學習，失敗成為你與他人談論並能從中學習的事情。

「學習」成為全公司一起在做的事情。

OKR 是為組織學習而建立的

讓我們再討論另一個**終極聚焦**團隊的案例。或許傑克注意到有兩家在他看來一樣的餐廳供應商，除了一家與 TeaBee 簽約，而另一家沒有。在 OKR 反思團隊會議上，他可能會要求團隊討論這兩家的決定為什麼不同。傑克說：「如果我們能解開這個謎團，就能幫助公司鎖定那些會購買的人。」

團隊腦力激盪出各種可能性。經過二十分鐘的討論，漢娜注意到其中一家供應商只銷售給平價餐廳，她建議，他們可能需要茶包而不是散裝茶。每個人都喜歡這個見解，突然間，整家公司有了一個新的方向，研究如何吸引散裝茶客戶，進而影響想要茶包的客戶，或是可能要開發一條新產品線。如何驗證這個假設？它對行銷代表什麼？對包裝？對網站設計？突然間，從一次討論中，就有了一系列等待測試的假設。

每個觀察都會產生一個必須接著驗證其真偽的假設。當這些見解得到驗證並共享之後，將成為公司的寶典，然後，針對如何將該見解應用到自己的團隊，每個部門和團隊必須建立假設。譬如，平價的餐廳還需要什麼？這對供應商有何影響？TeaBee是否應該量身訂製各種行銷素材？或許應該成立第二品牌？我們從反思中得到的每一項學習都是一條線索，有助於解開如何使企業成功的更大謎團。

並非所有的學習都與產品或客戶相關。有時你學會如何學習，有時團隊會測試協作的方式，了解哪些有助於公司發展，而哪些不會。

OKR節奏透過覺察、實驗、對話和反思展現出新的見解。處於這種節奏中時，我們學習，並應用所學。我們放慢腳步，進行思考，並將這種思考付諸行動，以便在更深的層次上學習。透過行動型學習和反思型學習，我們建立了有意義的、實用的、深入的市場知識。

OKR是為學習而建立的。

在不斷變化的市場中適應變化

正如我所說，一個公司最重要的優勢（和資產）就是學習速度。市場變化的速度只會愈來愈快。在公司的每個人，從客服人員到技術文件撰寫者或製作橫幅廣告的美工人員，都需要在個人和公司層面上學習，才能以我們所說的速度取得成功。在二十一世紀，僅能作為輪子裡的一個齒輪已經過時了，我們必須學習，並學會適應。

按照我所描述的節奏來執行OKR，就能建立起學習。當然，OKR可以協助設定好目標，但這套方法的作用不只於此。透過終極聚焦，你對O和KR做出了社會承諾。你有意識地朝目標前進、分享做過的嘗試、反思它在團隊中的作用，並根據反思的結果進行修正。經由上述過程融合所學，它能加速你個人的學習，也因而促進公司的成長。

僅僅設定由指標定義的目標——即使你稱之為OKR——也是不夠的。沒有聚焦和學習節奏的OKR會變成純粹達成數字的一場活動。這聽起來不錯，但卻有不幸的下場。當你只依據數字來判斷成敗，而沒有對話和背景，最終結果必定產生各種投機行為——人們會為了達成數字而作弊，因為利害得失太大，失敗是不可接受的。在這種情況下，沒有人變得更聰明，他們只是對著終將爆炸的氣球不斷充氣。強調學習時，你會失敗得更多，失敗得更公開，這就是關鍵！只要你樂於接受失敗，並與失敗對話，你會學到東西。你將為你的市場提供真正的價值，並快速增長，而你的競爭對手卻坐在那裡擔心，他們要如何作弊以達成數字。

OKR幫助你適應。沒有人真正知道明天會發生什麼；OKR讓你在不斷變化的世界中滿懷信心地前進。這個過程利用了歷史上最強大的力量之一：人類的學習力。它建構知識、讓你保持敏捷，並使你幾乎可以適應任何事情。

12

為你的 OKR 評分

作者：管理教練暨 OKR 培訓師瑪格達萊娜・皮雷・施密特
（Magdalena Pire Schmidt）

我看過許多團隊熱情地雕琢他們的第一組 OKR，但到了評分時，就倍覺艱辛。稍後再對此進行更多討論，讓我們先來看看為什麼要為 OKR 評分以及如何進行。

對 OKR 進行評分有兩個步驟：

1. 對每個 KR 從〇到一評分。
2. 從 KR 的平均值得出 O 的分數。

簡單吧。

OKR評分範例：

O：消除客服案件堆積〔〇．二三〕[1]

- KR：將平均回覆時間從七天減少到三天〔〇．五〕（成果：平均為五天）
- KR：將每週的客戶滿意度（Customer Satisfaction Score, CSAT）維持在八五％〔〇．一七〕（成果：十二週中有兩週客戶滿意度達標。每週的平均客戶滿意度為六九％）[2]
- KR：將每個請求的成本從三美元減少到二．七美元〔〇〕（成果：成本增加到三．

1. 作者註：每一個KR在算平均值時的權重都是一樣的。總會有一些KR要比其他結果難，因此團隊可能會傾向於給它們較高的權重。給不同KR加權會增加不必要的複雜性。我們的目標不是加權過的「成績」。我們的目標是準確了解你的情況，以決定下一步該怎麼做。。

一美元）

用數字評分很重要

為OKR提供數字的評分對流程至關重要，有助於：

一、改善KR的品質：

高品質的KR是可測量和不含糊的。如果你在季度中期發現自己必須為得分提供冗長的說明，很有可能該KR並非是原先預期的可測量結果。即使是有經驗的老手，要寫出可衡量、有意義的KR，也得反覆修改。捫心自問：「我們能在季度末測量嗎？」有助於此一流程。

二、面對現實：

數字往往可以呈現真實面貌，這並不是說分數低就是壞消息，造成分數低的原因有很多種（KR的優先順序被調低了、我們發現指標訂錯了、純粹是這些倡議行不通但給了我們寶貴的學習機會……）。一旦我們認清了現實，就可以決定如何繼續進行：該做何改變才能有更多進展？沒達成是因為它沒那麼重要嗎？需要投入更多的心力嗎？這些問題不需要等到季末別人來詰問你，我強烈建議在季度中期對OKR進行數字評分。花點時間估算一下，然後確認未來六週聚焦什麼和放棄什麼，到了季度末再評分一次。

為實際成果評分

盡可能地堅持為成果打分。OKR是一套強大的方法，正是因為執行是由結果所驅動，而不是由計畫或倡議驅動。我們當中有多少人曾為新專案的啟動而歡呼雀躍，但後來卻發現它並沒有發揮作用？我當然有過。錨定於實際成果，有助於：團隊變得更創

2. 作者註：我根據週數（二/十二）將「每週客戶滿意度保持在八五%」評分為○．一七。也可以根據每週的客戶滿意度（六九/八五），得分○．八一。但如此反而太寬鬆，它可能導致團隊在客戶滿意度很低的情況下「達成」OKR。如果存在歧義，請選擇更能反映成功的評分方式。

新、團隊轉型與團隊實驗。

現在市面上有不同的評分方法：

作法	信心度評分	里程碑評分	結果計分（推薦）
內容	評估專案是否步入正軌或無法交付成果	提供所需倡議已完成多少的更新	提供迄今所見成果的更新
優點	• 即使可能尚未看到成果，也可以直觀地呈現所獲得的進展。 • 尤其對於那些要到季度末才會顯示成果的倡議，它具有激勵作用。		• 清晰透明的事態。 • 激勵團隊使用指標驅動的ＫＲ。 • 激勵團隊在季度末之前看到成果。
缺點	團隊可能在沒有看到預期成果的情況下交付倡議的風險 成為專案管理流程的風險		當得分無法反映投入的工作量，會導致士氣低落

對分數的解讀會因評分作法不同而改變。以範例中的一個KR為例：**將平均回覆時間從七天減少到三天**（〇・五）。

- 信心度評分：〇・五表示我們有五〇%的機會達成三天的目標。請注意，它沒有說明任何關於當前平均回覆時間的情況。
- 里程碑評分：〇・五表示降低回覆時間所需的工作已經完成了一半。也許是已聘雇和培訓一個新的團隊，但他們還沒有完成所有待辦事項。
- 結果計分：〇・五表示平均回覆時間是五天。

現在來談談我們的感受

為什麼會對整個季度的實際OKR評分猶豫不決呢？迴避的原因是因為評分需要耗費心力，而且擔心可能有壞消息。依據社會心理學家海蒂・格蘭特・海佛森（Heidi Grant-Halvorson）的說法，缺乏自我監控是破壞目標達成的主要原因之一。如果團隊相信低分會對他們的績效評估有不良影響，他們可能會特別擔心低分。對於管理階層來說，將OKR與績效評估區分開來是至關重要的。如果團隊的傳統是以O的達成狀況來評估績效，那麼可能需要幾個OKR週期，才能讓人們對OKR的低分更自在一些。

好消息是，一旦團隊養成了對OKR評分的習慣，他們就學會重視因了解自己處境所帶來的清晰度和作用力。

如何在季度末評估分數

整個季度過程中持續評分，比獲得最終分數更重要。如果你做得對，到了該季度的最後一個月之前，團隊將對自己的處境有概念，在該月結束前就可以開始草擬下一季度的OKR。

話雖如此，我發現最終分數至關重要，這是很好的機會來反思、蒐集所學並將所學融入下一個週期。

一旦完成每個KR的評分並獲得O的分數，以下是如何解讀最終分數的指南：

分數○．七—一．○：達成／綠燈

分數○．三一—○．六九：部分達成／黃燈

分數○—○．三：未達成／紅燈

以上對分數的解讀，將高於○．七視為達成；高於○．三的分數視為進步，以作為達成OKR的激勵。

關於這一點，當我們解讀季度末的分數時，區分延伸性OKR及承諾OKR是很有用的。承諾OKR是團隊同意、可行，且須優先達成的。承諾OKR只有分數一．○才代表OKR達成。[3]

一般來說，當我看到一個團隊的得分始終高於○．七時，它代表出現危險信號，這

3. 作者註：正如我所說，我不認為設定兩種OKR是個好主意。它不但使人們必須掌握的工作記憶變得複雜，還要盡可能讓團隊「如常」運作。只要不讓財務誘因遮蔽了OKR，應該可以正確地執行OKR：全部都是延伸性目標。延伸，哪怕是和緩的延伸。

團隊也許是在保留實力，只設定可行的OKR。在這種情況下，我會敦促團隊要更加有野心。

數字之後的陳述

為OKR評分是關鍵步驟，讓你可以暫停、思考並評估正在做的事情是否有效。但是數字也只是指引，並非最終的評估。

首先，這個過程有很多主觀性。一‧○的分數對膚淺的KR意義不大，而○‧一的分數對有野心的KR可能代表重大影響。讓我們回到上面的例子。O的分數為○‧二。但是當我們仔細看可發現，團隊其實產生了很好的影響。他們大大縮短了回覆時間，幾乎沒有增加成本。品質雖受到影響，但整體來說，團隊步入正軌，知道接下來要聚焦什麼。

其次，團隊進行的許多事情沒有在OKR中顯現出來（所有成員來來去去的日常團隊活動、面臨的挑戰等等）。

在季度末，進行全面的反思：OKR分數、日常工作和KPI、團隊活動、新的挑戰和過去一季度的機遇。在谷歌工作時，我持續更新一份文件，每季度為以下各段落寫一些摘要：

- 亮點（Highlights）：在專案和日常業務上均取得的巨大成果
- 基礎工作（Groundwork）：有所進展，雖進行很多工作，但尚未看到成果的領域
- 黯點（Lowlights）：沒有取得進展或出現新挑戰的領域

我在這份文件裡都沒有提到OKR分數，即使團隊可以看得到OKR分數，這份文件傳達了陳述和我們的理解，但沒有人去記分數。有用的對話是：我們的影響是什麼，我們下一步要去哪裡？

13 OKR 軟體二三事

當你立定一個志向時，你會做的第一件事是什麼？想減肥，你會買一台昂貴的跑步機。想開始跑步，你會買雙高級的鞋子。當你計畫節食時，你會買台市場上最好的體重計，或買十五本減肥書。可悲的是，人們對待 OKR 的方式似乎也一樣：買軟體，並希望它能夠完成設定和管理目標的艱鉅工作。

市面上有一大堆的 OKR 軟體，有一些也相當不錯。但是，買軟體是你要做的最後一件事，而不是第一件事。正確實施 OKR 是以輕鬆的方式採用它們，然後以不同的方法嘗試，直到找到達成成果的方式。

首先從這些工具開始：

- 白板：寫下你對 O 的想法
- 便利貼：腦力激盪出好的 KR
- PowerPoint：追蹤對 O 的信心度和工作
- 電子郵件：發出進度報告
- Excel：如果決定要進行正式評分（谷歌在其「re:Work」網站上提供了評分工具 https://rework.withgoogle.com/）

等你認為已經真正駕馭了 OKR，再去買軟體。

14 知易行難

當我向別人介紹OKR時，我會形容它是知易行難，有點像「少吃多運動」的建議。這樣做當然有用，但是誰能做到呢？真正想成功減肥的人。如果你想要自己的事業成功，道理是一樣的。

為了成功，你必須聚焦於重要的事情；你必須經常說不；你必須與團隊一起檢視，讓他們對自己的承諾負責；你必須論證自己的戰術是否有效，並在無效時坦白。

OKR並不複雜，但需要有相當的紀律才能做好。OKR可能「還」不適合你的公司……，「還」是一個重要的字。

美國史丹佛大學行為心理學教授卡蘿．杜維克（Carol Dweck）在TedX Talk[1]中談到關於成長心態：

我聽說芝加哥有一所高中，學生必須通過一定數量的課程才能畢業，如果某一門課沒有通過，他們會得到「還沒過關」（Not Yet）的成績。我覺得這太棒了，因為如果你拿到的是一個不及格的成績，你會認為自己一無是處、難以企及。但是，如果你得到「還沒過關」的成績，你會明白你是在一條學習曲線上，它給了你一條通往未來的道路。

當你努力執行 OKR（或節食）時，你必須進行實驗，想出新方法來進行這些流程，了解你擅長什麼及不擅長什麼。如果你某一季度沒有寫出非常鼓舞人心的 O，或者把某個 KR 設成一項任務，沒有關係，堅持下去，你會變得更好。

當你感到疲憊和沮喪的時候，就告訴自己：「還沒過關」，並接著說：「但快了」。

1. 作者註：http//www.ted.com/talks/carol_dweck_the_power_of_believing_that_you_can_improve/transcript?language=en

在我的研究過程中，我曾跟GV創投的OKR提倡者瑞可．克勞（Rick Klau）交流過。谷歌在OKR的執行上和我在這裡的推薦有很大不同，不過其分享的影片和資料值得探究。就個人經驗而言，我提到的方法從新創公司到大型企業都有效，但是每家公司的情況都不一樣，你可以自由地把它改成合適的方法。

在《OKR最重要的一堂課》第一版問市幾年之後，約翰．杜爾（John Doerr）的書《OKR：做最重要的事》（*Measure What Matters*）也出版了。如果你看過的話，會發現跟我所推薦的一些戰術互相矛盾。我不是你老闆，你可以做自己覺得對的事情。但是如果你遇到困難，請考慮縮減規模回頭採用本書的方法。

我想特別感謝凱西．亞德利（Cathy Yardley），幫助我像小說家那樣寫作。還有，下列這些菁英都是試讀者，並給了我**超多**如何把這本書寫得更好的建議和見解：

Magdalena Pire Schmidt、James Cham、David Shen、Laura Klein、Richard Dalton、Abby Covert、Dan Klyn、Scott Baldwin、Angus Edwardson、Irene Au、Scott Berkun、Jorge Arango、Francis Rowland、Sandra Kogan、A. J. Kandy、Jeff Atwood、Adam Connor、Charles Brewer、Samantha Soma、Austin Govella、Allison Cooper、Ed Lewis、Brad Dickason、Pamela Drouin、David Holl、Stacy-Marie Ishmael、Kim Forthofer、Derek Featherston、Jason Alderman、Ammneh Azeim、Adam Polansky、Joe Sohkol、Brandy Porter、Bethany Stole、Susan Mercer、Kevin Hoffman、Francis Storr、Leonard Burton、Elizabeth Buie、Dave Malouf、Josh Porter、Klaus Kaasgaard、Evan Litvak、Katy Law、Erin Malone、Justin Ponczek、Erin Hoffman、Elizabeth Ibarra、Harry Max、Tanya Siadneva、Casey Kawahara、Jack Kolokus、Maria Leticia Saramentos-Santos、Hannah Kim、Brittany Metz、Laura Deel、Kelly Fadem、Francis Nakagawa、An Nguyen，還有我忘記列出的你，你是所有人之中最有幫助的人，下次我們見面時你可以對我大吼幾聲。

最親愛的讀者們，請留言給我，讓我知道你學到了什麼！並幫助我使本書下一個版本變得更好。

我的官網：cwodtke.com

big 382

OKR 最重要的一堂課：一則商場寓言，教你避開錯誤、成功打造高績效團隊

作　　者—克莉絲汀娜・渥德科（Christina Wodtke）
譯　　者—劉一賜、行雲會
資深主編—陳家仁
企　　劃—藍秋惠
協力編輯—吳紹瑜
封面設計—廖韡
版面設計—賴麗月
內頁排版—林鳳鳳

總 編 輯—胡金倫
董 事 長—趙政岷
出 版 者—時報文化出版企業股份有限公司
108019 台北市和平西路三段 240 號 4 樓
發行專線—（02）2306-6842
讀者服務專線— 0800-231-705、（02）2304-7103
讀者服務傳真—（02）2302-7844
郵撥— 19344724 時報文化出版公司
信箱— 10899 臺北華江橋郵政第 99 信箱
時報悅讀網— http://www.readingtimes.com.tw
法律顧問—理律法律事務所 陳長文律師、李念祖律師
印　　刷—勁達印刷有限公司
初版一刷— 2022 年 6 月 10 日
定　　價—新台幣 420 元
（缺頁或破損的書，請寄回更換）

Translated from: Radical Focus

時報文化出版公司成立於一九七五年，並於一九九九年股票上櫃公開發行，於二〇〇八年脫離中時集團非屬旺中，以「尊重智慧與創意的文化事業」為信念。

ISBN 978-626-335-382-4
Printed in Taiwan

OKR最重要的一堂課：一則商場寓言,教你避開錯誤、成功打造高績效團隊/克莉絲汀娜.渥德科(Christina Wodtke)著；劉一賜, 行雲會譯. -- 初版. -- 臺北市：時報文化出版企業股份有限公司, 2022.06
320面；14.8x21公分. -- (big ; 382)
譯自：Radical focus : achieving your most important goals with objectives and key results.
ISBN 978-626-335-382-4(平裝)

1.CST: 目標管理 2.CST: 策略規劃

494.17　　111006348